C语言程序设计与问题求解

主 编 刘 斌

参 编 董文永 黄建忠 方 颖

WUHAN UNIVERSITY PRESS
武汉大学出版社

图书在版编目(CIP)数据

C 语言程序设计与问题求解/刘斌主编 . —武汉:武汉大学出版社,
2022.11
ISBN 978-7-307-23471-0

Ⅰ.C…　Ⅱ.刘…　Ⅲ.C 语言—程序设计　Ⅳ.TP312.8

中国版本图书馆 CIP 数据核字(2022)第 226007 号

责任编辑:林　莉　　责任校对:李孟潇　　版式设计:马　佳

出版发行:**武汉大学出版社**　　(430072　武昌　珞珈山)
　　　　　(电子邮箱:cbs22@ whu.edu.cn 网址:www.wdp.com.cn)
印刷:武汉邮科印务有限公司
开本:787×1092　1/16　印张:14.5　字数:341 千字　插页:2
版次:2022 年 11 月第 1 版　　2022 年 11 月第 1 次印刷
ISBN 978-7-307-23471-0　　定价:49.00 元

作者简介

刘斌，武汉大学计算机学院讲师。2008年获得武汉大学计算机专业博士学位，主要从事算法、数据库领域的教学和研究，在《计算机学报》等刊物上发表多篇文章。近几年来指导学生参加程序设计天梯赛、计算机设计大赛、蓝桥杯程序比赛等比赛，获得全国二等奖以上奖励十多个。

前　　言

　　C/C++语言一般是计算机专业学生首先学的一门程序设计语言，熟练掌握好 C 语言对于学生以后课程的学习有着非常重要的帮助。学好 C 语言最重要的途径就是多练习，大学阶段程序设计相关的课程还有数据结构、算法分析与设计，因此选择合适的题目就显得非常重要。现有很多 C 语言的实践类教材，有的比较多的涉及了数据结构相关的知识，有的则涉及算法的知识，有的题目比较常见，这些对于计算机专业的学生锻炼程序设计思维不能提供有效的帮助。本书的目的重点在于提升学生的 C 语言的编程能力，提高学生的程序设计思维，重点学习数组、字符串等相关知识。

　　本书将题目进行了合理的分类，对每一个题目首先进行题目分析，然后提出多种解法，最后对每一种方法进行分析。此外本书还以离散数学为对象，设计了若干个编程题目，既锻炼了学生的编程能力，又能加深对离散数学中集合、关系等概念的理解。最后根据企业在面试中的热点，重点介绍了双指针和滑动窗口的编程技巧。最后给出了动态规划的例子，让学生对算法有个基本了解，这一部分适合将来准备参加各种程序设计比赛的学生。

　　我们欢迎读者对本教材的错误和缺点提出批评指正。

作　者

2022 年 10 月

目　　录

第1章 位 运 算

C 或 C++中位运算主要有：按位与(&)，按位或(｜)，按位异或(^)，取反(~)，左移位(<<)，右移位(>>)六个运算符。巧妙地运用位运算往往可以得到事半功倍的效果。

1.1 奇偶判断

输入一个正整数 N，判断它的奇偶，如果是奇数返回 true，否则返回 false。

分析：判断奇偶性，可以用 N 和 2 相除，看余数是否为零，这是最常用的方法。同样可以用 N 和 1 执行按位与操作，判断结果是否为零，注意在 C/C++中非零即为真，函数如下。

```
bool Odd( int number) {
    if( number&1)
        return true;
    else
        return false;
}
```

主程序如下，程序输出 1；将 number 设置成 4，输出为 0。

```
int main( ) {
    int number=3;
    std∷cout << Odd(number) << std∷endl;
    return 0;
}
```

1.2 唯一的数

有一个非空整数数组 A，只有元素 a 出现奇数次，其余每个元素均出现偶数次。输出 a 的值，要求只能遍历一遍数组，并且不使用额外的辅助空间。

分析：数组中除 a 以外均出现偶数次，从位运算的角度考虑，$b\textasciicircum b=0$；所以只要对数

组 A 中的元素进行异或运算，结果就是出现奇数次的元素，函数如下，其中 nums 是整数数组，len 是长度。

```
int Single(int nums[], int len) {
    int res = 0;
    for(int i = 0; i < len; i++)
        res ^= nums[i];
    return res;
}
```

主函数如下。

```
#include <iostream>
int main() {
    int nums[] = {1, 2, 2, 3, 4, 3, 4};
    int val = Single(nums, 7);
    std::cout << val << std::endl;
    return 0;
}
```

程序输出 1，其他的测试数据和结果如表 1-1 所示。

表 1-1　　　　　　　　　　　　　题 1.2 测试数据与测试结果

nums 数组	val
{2}	2
{3, 2, 3}	2
{1, 2, 2, 3, 2, 3, 2}	1
{2, 9, 2, 3, 4, 3, 4, 7, 7}	9

当然这道题目也可以借助于 map 结构来实现，遍历数组，如果该元素不在 map 结构中，那么就将该元素插入 map，如果在，那么就从 map 中删除，最后 map 中只有一个元素，函数如下。

```
int Single(int nums[], int len) {
    map<int, int> elt;
    map<int, int>::iterator itr;
```

```
    for (int i=0; i < len; i++) {
        itr=elt. find(nums[i]);
        if (itr==elt. end())
            elt. insert(pair<int, int>(nums[i], nums[i]));
        else
            elt. erase(nums[i]);
    }
    itr=elt. begin();
    return itr->first;
}
```

这道题目采用 map 结构，没有采用位运算简洁，但是绝大部分情况采用 map 结构会使得程序简洁、高效，后面会有很多例子验证。

1.3　比特位计数

有一个无符号一个字节的整数，计算其二进制表示中 1 的个数。

分析：计算二进制位中 1 的个数，最简单的办法就是将该整数不停地除以 2，判断余数是否等于 1，函数如下。

```
int Count1(unsigned char n) {
    int counter=0;
    while (n) {
        if (n % 2==1)
            counter++;
        n=n/2;
    }
    return counter;
}
```

由于是除以 2，所以该算法的时间复杂度为 $O(\log_2 N)$，除以 2 相当于右移 1 位，然后判断最低位是否为 1，代码如下。

```
int Count2(unsigned char n) {
    int count=0;
    while (n) {
        count +=n & 0x01;
        n >>=1;
```

```
    }
    return count;
}
```

主函数如下，当 val＝255 时输出 8，修改 val 的值，其他测试数据和结果如表 1-2 所示。

```
int main( ) {
    unsigned char val＝255;
    int count1，count2;
    count1＝Count1(val);
    count2＝Count2(val);
    std：：cout ＜＜ count1＜＜std：：endl;
    std：：cout ＜＜ count2 ＜＜std：：endl;
    return 0;
}
```

表 1-2　　　　　　　　　　　　　1.3 测试数据与测试结果

val	count1	count2
254	7	7
128	1	1
39	4	4

1.4　非空真子集

集合 A 包含 5 个不同的元素，分别为 a、b、c、d、e；请输出集合 A 的所有非空真子集。

分析：非空真子集，可以包含一个元素、两个、三个、四个，非空真子集的总数一共为 5＋10＋10＋5＝30 个。因此可以设置一个计数器，但是输出哪一个元素，就需要进一步判断。假设字符的顺序是 a、b、c、d、e，将计数器的值和 16(10000)、8(01000)、4(00100)、2(00010) 和 1(00001) 按位与，如果结果不等于 0，那么就输出对应的字符，对应的函数如下。

```
void Subset(char ch[ ]，int len) {
    int count＝1;
    while (count ＜＝30) {
```

```
        if ( count & 16)
            std :: cout << "a";
        if ( count & 8)
            std :: cout << "b";
        if ( count & 4)
            std :: cout << "c";
        if ( count & 2)
            std :: cout << "d";
        if ( count & 1)
            std :: cout << "e";
        std :: cout << std :: endl;


        count++;
    }
}
```

进一步可以得到如下的通用算法。

```
void Subset( char ch[ ], int len) {
    int count = 1;
    int max = pow( 2, len) - 2;
    int tmp;
    while ( count <= max) {
        for( int i = 0; i < len; i++) {
            tmp = pow( 2, len-1-i);
            if( count&tmp)
                std :: cout << ch[ i];
        }
        std :: cout << std :: endl;
        count++;
    }
}
```

主程序如下，程序运行输出 30 个字符串，如下所示。

```
int main( ) {
    char ch[ ] = "abcde";
    Subset( ch, 5);
```

```
    return 0;
}
```

```
            e    d    de    c    ce
            cd   cde   b    be   bd
            bde  bc   bce   cd   bcde
            a    ae   ad    ade  ac
            ace  acd  acde  ab   abe
            abd  abde abc   abce abce
```

1.5 符号相反

给定两个整数 a 和 b，判定他们的符号相反，或者是乘积是否小于零。

分析：判断符号相反，最简单的方法是判断 $a \cdot b < 0$ 是否成立，但是乘法需要花大量的时间，高效的方法将两个数按位异或，判断结果是否小于零，函数如下。

```
bool OppositeSign(int a, int b) {
    bool sign = ((a^b)<0);
    return sign;
}
```

主程序如下，当 a=4，b=-5 时输出 1，修改 a 和 b 的值，其他测试数据和结果如表 1-3 所示。

```
int main() {
    int a=4;
    int b=5;
    bool sign=OppositeSign(a, b);
    std::cout << sign<< std::endl;
    return 0;
}
```

表 1-3   1.5 测试数据与测试结果

a	b	sign
4	4	0
8	-8	1

a	b	sign
INT_MAX	INT_MIN	1
INT_MAX	INT_MAX	0

第2章 数　　组

数组与循环是 C/C++语言基本程序结构中最重要的部分，数组和循环紧密的结合在一起。编写一个正确的 C 语言程序需要注意很多方面，第一个是问题有几种解，每一种情况都要考虑到；第二是对于循环的边界条件要充分分析；第三是程序尽量地让人看得懂，最后一个程序尽可能地高效。

2.1　绝对值最小的数

给定一个有序数组，数组中的元素已经按照从小到大排好序，请找出找出绝对值最小的元素。

分析：数组是有序的，那么绝对值最小的数分为三种情况，第一种全是正数，那么绝对值最小的是第一个，如果全是负数，那么绝对值最大的是是数组中最大的数，如果有正有负，那么绝对值最小的是发生在正负数转换的地方，所以函数如下。

```
int MinAbs(int nums[ ], int len){
    if(nums[0]>=0)
        return nums[0];
    else if(nums[len-1]<=0)
        return nums[len-1];
    else
        for(int i=0; i<len-1; i++)
            if((nums[i]<0)&&(nums[i+1]>=0)){
                if(abs(nums[i])<nums[i+1])
                    return nums[i];
                else
                    return nums[i+1];
            }
}
```

主程序如下，程序运行输出-3，修改 num 数组的值，测试数据和测试结果见表 2-1。

```
const int LENGHT=10;
```

```
int main( ) {
    int nums[LENGHT] = {-8, -6, -3, 4, 5, 7, 8, 10, 12, 13};
    int val = MinAbs(nums, LENGHT);
    std:: cout << val << std:: endl;
    return 0;
}
```

表 2-1　　　　　　　　　　　　　　　　题 2.1 测试数据

nums 数组	val
{-11, -10, -9, -8, -7, -6, -5, -4, -3, -1}	-1
{-11, -10, -9, -8, -7, -6, -5, -4, -3, 0}	0
{1, 2, 3, 4, 5, 6, 7, 8, 9, 10}	1
{-11, -10, -9, -8, -0, 1, 2, 3, 4, 5}	0
{-11, -10, -9, -8, 1, 2, 4, 8, 9, 15}	1

2.2　数组转换 1

给定一个一维数组 nums1，其长度为 N，将其按行转换为二维数组 nums2。

分析：按行转换为二维数组，假设原数组 nums1 长度为 12，二维数组为 3 * 4，那么 nums1 三个元素一组，分别存储到 nums2 的每一行中。二维数组和一维数组元素间的对应关系可以用下面的公式表示，其中 COL 是常量，代表二维数组的列数，函数如下。

$$nums2[i][j] = nums1[i * COL+j]$$

```
const int COL = 4;
const int ROW = 3;
void Convert1(int nums1[], int len, int nums2[][COL])
{
    for(int i=0; i<len/COL; i++)
        for(int j=0; j<COL; j++)
            nums2[i][j] = nums1[i * 4+j];
}
```

当然从一维数组的角度来看，nums1[i]对应的二维数组元素可以采用下面的公式计算，函数如下。

$$nums2[i/COL][i\%COL = nums1[i]$$

```
void Convert2(int nums1[], int len, int nums2[][COL])
{
    for(int i=0; i<len; i++)
        nums2[i/4][i%4]=nums1[i];
}
```

主程序如下，程序输出的二维数组如下。

```
int main() {
    int nums1[ROW * COL];
    int nums2[ROW][COL];
    for(int i=0; i<12; i++)
        nums1[i]=i;

    Convert1(nums1, nums2);
    for(int i=0; i<ROW; i++){
        for(int j=0; j<COL; j++)
            std::cout << nums2[i][j] << "   ";
        std::cout <<std::endl;
    }

    Convert2(nums1, nums2);
    for(int i=0; i<ROW; i++){
        for(int j=0; j<COL; j++)
            std::cout << nums2[i][j] << "   ";
        std::cout <<std::endl;
    }
    return 0;
}
```

第一种方式 nums2[i][j]=nums1[i*4+j]
```
0  1  2  3
4  5  6  7
8  9  10 11
```
第二种方式 nums2[i/4][i%4]=nums1[i]
```
0  1  2  3
4  5  6  7
8  9  10 11
```

2.3 数组转换 2

给定一个二维数组 nums[N][M]，请按照一维数组访问的方式将数组中元素输出。

分析：二维数组在内存中是按照一维数组的形式顺序存放的。二维数组的数组名是数组的首地址，但是是行地址，需要进行转换，函数如下。

```
const int COL=4;
const int ROW=3;
void Output(int nums[ROW][COL],){
    for(int i=0; i<ROW*COL; i++)
        std::cout<<*(nums[0]+i)<<"   ";
}
```

主程序如下所示。

```
int main() {
    int nums1[ROW][COL];
    for (int i=0; i < ROW; i++)
        for (int j=0; j < COL; j++)
            nums1[i][j]=i * COL + j;
    Output(nums1);
    return 0;
}
```

程序输出的一维数组：0 1 2 3 4 5 6 7 8 9 10 11。

2.4 排名 1

已知学生的学号以及其 C 语言成绩，请按照分数从高到低给每一个学生确定一个名次，不需要考虑并列排名。

分析：不需要考虑并列排名，即使两个人的分数一样，名次也不一样，谁排在前面，谁的名次就高。显然如果有 N 个人，从高到低名次就是 1 到 N。为了描述学生学号、成绩和名次，定义了一个结构体 Score，函数如下。

```
typedef struct{
    int ID;
    int c_language;
```

```
    int pos;
} Score;
void Rank(Score nums[], int len){
    int idx;
    int tmp;
    for(int i=0; i<len-1; i++){
        idx=i;
        for(int j=i+1; j<len; j++)
        {
            if(nums[j].c_language>nums[idx].c_language)
                idx=j;
        }
        if(idx! =i){
            tmp=nums[i].ID;
            nums[i].ID=nums[idx].ID;
            nums[idx].ID=tmp;
            tmp=nums[i].c_language;
            nums[i].c_language=nums[idx].c_language;
            nums[idx].c_language=tmp;
        }
    }
    for(int i=0; i<len; i++)
        nums[i].pos=i+1;
}
```

主程序如下，主程序中假设成绩在[0，30]之间，采用了随机生成成绩。

```
const int LENGTH=10;
int main() {
    Score nums[LENGTH];
    for (int i=0; i < LENGTH; i++) {
        nums[i].ID=i + 1;
        nums[i].c_language=rand() % 30 + 1;
    }
    Rank(nums, LENGTH);

    std:: cout <<"ID       ";
    for (int i=0; i < LENGTH; i++){
```

```
        cout. width(3);
        std:: cout << nums[i]. ID   ;
    }
    std:: cout << std:: endl;

    std:: cout <<"Score ";
    for (int i=0; i < LENGTH; i++){
        cout. width(3);
        std:: cout << nums[i]. c_language;
    }
    std:: cout << std:: endl;

    std:: cout <<"Rank    ";
    for (int i=0; i < LENGTH; i++){
        cout. width(3);
        std:: cout << nums[i]. pos;
    }
    return 0;
}
```

程序输出如下，第一行是学生的 ID，第二行是成绩，第三行是排名，排名符号要求。

ID	7	3	9	2	10	5	8	4	1	6
Score	25	24	24	20	20	11	9	9	8	3
Rank	1	2	3	4	5	6	7	8	9	10

2.5   排名 2

已知学生的学号以及其 C 语言成绩，请按照分数从高到低给每一个学生确定一个名次，如果两个人的分数一样，名次一样，例如第一名，第二名，第二名，第四名，名次不需要连续。

分析：需要考虑并列排名，同样首先按照成绩从高到低进行排序，先按照前一道题的方法给每一个人赋予一个排名，从 1 到 N，接着再次遍历，如果某个人的成绩和前一个人相同，那么名次也设置成相同，这种排名也叫美式排名。Score 结构体和前面一样，函数如下。

```
void RankA(Score nums[], int len) {
```

13

```
        int idx;
        int tmp;
        for (int i=0; i < len − 1; i++) {
            idx=i;
            for (int j=i + 1; j < len; j++) {
                if (nums[j].c_language > nums[idx].c_language)
                    idx=j;
            }
            if (idx ! =i) {
                tmp=nums[i].ID;
                nums[i].ID=nums[idx].ID;
                nums[idx].ID=tmp;
                tmp=nums[i].c_language;
                nums[i].c_language=nums[idx].c_language;
                nums[idx].c_language=tmp;
            }
        }
        for (int i=0; i < len; i++)
            nums[i].pos=i + 1;

        for (int i=1; i < len; i++)
            if (nums[i].c_language = =nums[i − 1].c_language)
                nums[i].pos=nums[i − 1].pos;
    }
```

将 2.4 中的主程序调用的 Rank 函数，替换为 RankA 函数就可以得到。程序输出如下，第一行是学生的 ID，第二行是成绩，第三行是排名，相同的成绩具有相同的排名，且排名不连续。

ID	7	3	9	2	10	5	8	4	1	6
Score	25	24	24	20	20	11	9	9	8	3
Rank	1	2	2	4	4	6	7	7	9	10

2.6　排名 3

已知学生的学号以及其 C 语言成绩，请按照分数从高到低给每一个学生确定一个名次，如果两个人的分数一样，名次一样，例如第一名，第二名，第二名，第三名，同时名次需要连续。

分析：需要考虑并列排名，同样首先按照成绩从高到低进行排序，定义一个变量保存当前的名次。如果某个人的成绩和前一个人相同，那么名次也设置成相同，如果不同，当前的名次加一，这种排名也叫中排名。Score 结构体和前面一样，函数如下。

```
void RankC(Score nums[], int len) {
    int idx;
    int tmp;

    for (int i=0; i < len - 1; i++) {
        idx=i;
        for (int j=i + 1; j < len; j++) {
            if (nums[j].c_language > nums[idx].c_language)
                idx=j;
        }
        if (idx ! =i) {
            tmp=nums[i].ID;
            nums[i].ID=nums[idx].ID;
            nums[idx].ID=tmp;
            tmp=nums[i].c_language;
            nums[i].c_language=nums[idx].c_language;
            nums[idx].c_language=tmp;
        }
    }

    idx=1;
    nums[0].pos=idx;

    for (int i=1; i < len; i++)
        if (nums[i].c_language==nums[i - 1].c_language)
            nums[i].pos=nums[i - 1].pos;
        else
        {
            idx++;
            nums[i].pos=idx;
        }
}
```

同样将 2.4 中的主程序调用的 Rank 函数，替换为 RankC 函数就可以得到，程序输出如下，第一行是学生的 ID，第二行是成绩，第三行是排名，相同的成绩具有相同的排名，且排名连续。

ID	7	3	9	2	10	5	8	4	1	6
Score	25	24	24	20	20	11	9	9	8	3
Rank	1	2	2	3	3	4	5	5	6	7

2.7　归一化 1

归一化是数据挖掘中一个非常重要的手段，例如人的身高和年龄是两个不同的量纲，假设体重是这两个变量的函数，为了消除由于量纲不同，对计算结果的影响，需要将身高数据进行归一化，归一化有多种方式，第一种是最大最小归一化，也叫最大最小数据标准化。最大最小归一化计算公式如下，其中 x 是旧值，x^* 是归一化后的新值，x_{min} 是数组中的最小值，同理 x_{max} 是数组中的最大值，给定一个数组，输出归一化后的数组值

$$x^* = \frac{x - x_{min}}{x_{max} - x_{min}}$$

分析：这道题目比较简单，主要是练习数组的遍历，找最大、最小值。函数如下。

```cpp
using namespace std;

void Standardize(int nums[], int len, float out[]){
    float max=INT_MIN, min=INT_MAX ;
    for(int i=0; i<len; i++){
        max=std::max(max, float(nums[i]));
        min=std::min(min, float(nums[i]));
    }
    for(int i=0; i<len; i++)
        out[i]=(nums[i]-min)/(max-min);
}
```

主程序如下，定义了 LENGTH 常量，同样采用了随机生成的方式。

```cpp
const int LENGTH=5;
int main() {
    int nums[LENGTH];
    float res[LENGTH];
```

```
for (int i=0; i < LENGTH; i++)
    nums[i]=rand() % 10 + 1;

Standardize(nums, LENGTH, res);

for(int i=0; i<LENGTH-1; i++)
    std:: cout << res[i]<<"; ";
std:: cout << res[LENGTH-1];

return 0;
}
```

当 LENGTH 常量等于 5 时，程序结果运行如下，第一行是原始数据，第二行是归一化后的结果。用户可以根据需要修改 LENGTH 常量的值。

8;	10;	4;	9;	1
0.777778;	1;	0.333333;	0.888889	0

2.8 归一化 2

在数据处理中，除了最大最小归一化以外，还有将数据集归一化为均值为 0、方差 1 的数据集，计算公式如下，其中 μ 是数据集中数据均值，σ 是方差。

$$x^* = \frac{x - \mu}{\sigma}$$

将 2.7 主程序中的 Standardize 函数(如下)改为本题中的 Normalize 函数，同样采用了随机生成的方式，程序运行结果如下。

```
#include<math. h>
using namespace std;
void Normalize(int nums[], int len, float out[]){
    float aver=0, var=0;
    //计算平均值
    for(int i=0; i<len; i++)
        aver+=nums[i];
    aver=aver/len;
```

```
//计算方差
for( int i=0; i<len; i++)
    var+=( nums[i]-aver) * ( nums[i]-aver);
var=sqrt( var/len);
//归一化
for( int i=0; i<len; i++)
    out[i]=( nums[i]-aver)/var;
}
```

8;	10;	4;	9;	1
0.47305;	1.06436;	-0.709575;	0.768706	-1.59654

2.9　N 数之和 1

有五个正整数，和等于 N，请写出解的个数。

分析，根据题意，设五个正整数分别为 x_1、$x2$、$x3$、$x4$、$x5$，可以得到如下的方程。

$$\begin{cases} x1+x2+x3+x4+x5=20 \\ 0<x1<20 \\ 0<x1<20, \\ 0<x1<20 \\ 0<x1<20 \\ 0<x1<20 \end{cases}$$

很显然，最简单的方法是用一个五重循环解决，程序如下。

```
int main( ) {
    int N;
    int solution=0;
    std:: cout << "Please input N:" << std:: endl;
    std:: cin >> N;
    for ( int x1=1; x1 < 20; x1++)
        for ( int x2=1 ; x2 < 20 ; x2++)
            for ( int x3=1 ; x3 < 20; x3++)
                for ( int x4=1; x4 < 20; x4++)
                    for ( int x5=1 ; x5 <20; x5++) {
                        if ( ( x1 + x2 + x3 + x4 + x5)= =N)
                            solution++;
```

```
                        }
    std：： cout<<"Solutions："<<solution<<std：： endl；
}
```

当 $N=20$ 时，程序输出 Solutions＝3387。

2.10 N 数之和 2

有一个集合 A，包含五个正整数，其和等于 N，编写一个程序求 A 的可能性有几种，要求循环次数尽可能最少。

该题目是前面题目的升级，由于集合 A 包含五个正整数，不妨设为 $A=\{x1,x2,x3,x4,x5\}$，很显然这五个整数互不相等。并且 $1+2+3+4+10=20$ 和 $2+1+3+4+10=20$ 是同一组解。

五个不同的正整数，肯定存在一个大小顺序。不妨设 $x1<x2<x3<x4<x5$，进一步可以得到 $1<=x1<x2<x3<x4<x5<20$。

对于 $x1$ 变量，最小值是 1，最大值不能超过 $N/5-2$。如果最大值超过 $N/5-2$，那么这五个数的和肯定超过 20。例如 $N=30$，五个数的平均数是 6，如果最小的数最大值是 4，如果 $x1=5$，那么其余四个数的取值最小是 6，7，8，9，显然五个数的和肯定超过 30。

所以 $x1$ 的取值范围是 $[1,N/5-2]$，$x2$ 的取值范围可以是 $[x1+1,20-x1)$，当然上界可以进一步化简到 $2*N/2-3-x1$。同样 $x3$ 的取值范围是 $[x2+1,20-x1-x2)$，$x4$ 的取值范围是 $[x3+1,20-x1-x2-x3)$，$x5$ 的取值范围是 $[x4+1,20-x1-x2-x3-x4]$，$x5$ 的取值范围两侧都是闭区间。如果包含程序如下。

```
int main（ ) {
    int N；
    int solution＝0；
    std：： cout << "Please input N:" << std：： endl；
    std：： cin >> N；
    int loop＝0；

    for（int x1＝1；x1 <=N / 5 - 2；x1++)
        for（int x2＝x1 + 1；x2 <=2 * N/2-3-x1；x2++)
            for（int x3＝x2 + 1；x3 < N - x1 - x2；x3++)
                for（int x4＝x3 + 1；x4 < N - x1 - x2 - x3；x4++)
                    for（int x5＝x4 + 1；x5 <=N - x1 - x2 - x3 - x4；x5++) {
                        loop++；
                        if（（x1 + x2 + x3 + x4 + x5)＝＝N)
                            solution++；
```

```
        }
    std::cout << "Loop:" << loop<< std::endl;
    std::cout << "Solutions:" << solution << std::endl;
}
```

其中 count 变量用来统计总循环的次数，结果如表 2-2 所示，显然相对于简单的五重循环，时间少了很多。

表 2-2　　　　　　　　　　题 2.10 测试数据以及测试结果

N	20	30	40	50	100
count	19	408	2602	9952	480512
solution	7	84	377	1115	25337

2.11　乘积最大 1

有一个整数数组 nums，该数组中不包含零元素，找出两个数使其乘积最大。

分析：如果数组中只包含正整数，那么最大值就是找出数组中最大值和次大值。但是如果数组中包含负数的情况就需要进一步分析，如果全是负数，那么只要找出最小和次最小就可以，如果既有整数和负数，那么需要找出最大，次最大，最小和次最小。比较两两的乘积，有可能只有一个最大，有可能两个乘积一样大。

所以该问题就是找出数组中最大值，次最大值，最小值和次最小值。函数如下，同样 nums 是整数数组，len 是数组长度，res 是引用型变量，返回最大值，函数返回值返回最大值的个数。

```
int MaxProduct(int nums[], int len, int &res) {
    int max = INT_MIN, subMax = INT_MIN + 1;
    int min = INT_MAX, subMin = INT_MAX - 1;
    for (int i = 0; i < len; i++) {
        if (nums[i] > max) {
            subMax = max;
            max = nums[i];
        } else if (nums[i] > subMax)
            subMax = nums[i];
        else if (nums[i] < min) {
            subMin = min;
            min = nums[i];
```

```
        } else if (nums[i] < subMin)
            subMin = nums[i];
    }
    if ((max * subMax) > (min * subMin)) {
        res = max * subMax;
        return 1;
    } else if ((max * subMax) == (min * subMin)) {
        res = max * subMax;
        return 2;
    } else {
        res = min * subMin;
        return 1;
    }
}
```

主程序如下，运行结果输出最大值 36，总数是 1，其他的测试数据如表 2-3 所示。

```
const int LENGTH = 7;
int main() {
    int count, res;
    int nums[LENGTH] = {1, 4, 9, -2, 1, -6, -6};
    count = MaxProduct(nums, LENGTH, res);
    std::cout << count << std::endl << res;
    return 0;
}
```

表 2-3 题 2.11 测试数据以及测试结果

num 数组	res	count
1, 4, 10, -2, 1, -6, -6};	40	1
{1, 4, 9, -2, 1, -6, -6};	36	1
{1, 4, 8, -2, 1, -6, -6}	36	1

2.12 乘积最大 2

给定一个整型数组 nums，在数组中找出由三个数组成的最大乘积，并输出这个乘积。
分析：如果整数数组中全部是负数，那么最大值只能是挑选三个最大的负数，如果数组中最大值是 0，那么最大值只能是 0，如果数组中有正整数，那么就需要挑选三个最大的正整数，两个最小的负整数。综合以上的分析，从数组中挑选三个最大的数，两个最小的数，然后进行相应的相乘并比较，函数如下。

```
int MaxThreeProduct(int nums[ ], int len){
    int max1 = INT_MIN, max2 = INT_MIN-1, max3 = INT_MIN-2;
    int min1 = INT_MAX, min2 = INT_MAX-1;
    int res;
    for(int i = 0; i<len; i++){
        if(nums[i]>max1){
            max3 = max2;
            max2 = max1;
            max1 = nums[i];
        }
        else if(nums[i]>max2){
            max3 = max2;
            max2 = nums[i];
        }
        else if(nums[i]>max3)
            max3 = nums[i];
        else if(nums[i]<min1){
            min2 = min1;
            min1 = nums[i];
        } else if(nums[i]<min2)
            min2 = nums[i];
    }
    res = max1 * max2 * max3;
    if((max1>0)&&(min1<0)){
        if(max1 * min1 * min2>res)
            res = max1 * min1 * min2;
    }
    return res;
}
```

主程序如下，结果是 504，三个数是 -6、-7、12，其他的测试数据如表 2-4 所示。

```
const int LENGTH = 10;
int main( ){
```

```
int nums[LENGTH] = {1, 2, 3, -4, -6, -7, 3, 0, 12, 11};
int max = MaxThreeProduct(nums, LENGTH);
std::cout <<max   << std::endl;
return 0;
}
```

表 2-4   题 **2.12** 测试数据以及测试结果

nums 数组	max	说明
{-1, -2, -3, -4, 6, -7, -3, 0, 12, 11};	792	11 * 12 * 7
{-1, -2, -3, -4, -6, -7, -3, 0, -12, -11};	0	0
{-1, -2, -3, -4, -6, -7, -3, 0, 12, -11}	924	12 * (-11) * (-7)
{-1, -2, -3, -4, -6, -7, -3, -8, -12, -11}	-6	(-1) * (-2) * (-3)

通过以上两道题目，可以发现，虽然是找两个数的乘积最大，或者是三个数的乘积最大，但是需要从数组中挑选多个数才能满足要求。

2.13 峰值数 1

给定一个整数数组 nums，将数组中每一个元素看成坐标系中的一个点(i, nums[i])，将这些点连接起来，形成一个曲线，统计该曲线中峰值的个数。

分析：如果 nums[i]是峰值，对应于 nums[i]>nums[i-1]，并且 nums[i]>nums[i+1]。但是边界点需要单独考虑。函数如下。

```
int PeakCount(int nums[], int len){
    int count = 0;
    for(int i = 1; i<len-1; i++){
        if((nums[i]>nums[i-1])&&(nums[i]>nums[i+1]))
            count++;
    }
    if(nums[0]>nums[1])
        count++;
    if(nums[len-1]>nums[len-2])
        count++;

    return count;
}
```

主程序如下，程序输出 4，对应的数组元素是 7、5、6 和 9。其他的测试数据见表 2-5。

```
const int LENGTH = 10;
int main( ) {
int nums[LENGTH] = {7, 3, 5, 4, 4, 6, 2, 9, 2, 3};
int count = PeakCount(nums, LENGTH);
    std:: cout << count<< std:: endl;
    return 0;
}
```

表 2-5　　　　　　　　　　　　题 2.13 测试数据以及测试结果

num 数组	count
{1, 3, 5, 6, 7, 8, 9, 9, 10, 13}	1
{-1, -3, -5, -6, -7, -8, -9, -9, -10, -13}	1
{7, 3, 5, 4, 8, 6, 2, 9, 2, 3}	5
{1, 1, 1, 1, 1, 1, 1, 1, 1, 1}	0
{1, 1, 1, 1, 1, 1, 1, 1, 1, 0}	0
{0, 1, 1, 1, 1, 1, 1, 1, 1, 1}	0

2.14　峰值数 2

给定一个二维整数数组 nums[N][2]，对于第 i 行，(nums[i][0]，nums[i][1]) 是坐标系中的一个点，将这些点按照 X 坐标从小到大连接起来，形成一个曲线，统计该曲线中峰值的个数。

分析：这道题目和前一道题目类似，但是 X 坐标没有从小到大排序，所以先要对 nums[i][0] 进行排序，然后再统计峰值的个数。Sort 函数是对二维数组进行排序，采用了最简单的选择排序，具体函数如下。

```
void Sort(int nums[ ][2], int len) {
    int pos;
    int tmp;
    for(int i=0; i<len-1; i++) {
        pos=i;
        for(int j=i+1; j<len; j++) {
            if(nums[j][0]<nums[pos][0])
```

```
                pos=j;
            }
        if(pos! =i){
            tmp=nums[i][0];
            nums[i][0]=nums[pos][0];
            nums[pos][0]=tmp;

            tmp=nums[i][1];
            nums[i][1]=nums[pos][1];
            nums[pos][1]=tmp;
        }
    }
}


int PeakCount(int nums[][2], int len){
    int count=0;
    Sort(nums, len);

    for(int i=1; i<len-1; i++){
        if((nums[i][1]>nums[i-1][1])&&(nums[i][1]>nums[i+1][1]))
            count++;
    }
    if(nums[0][1]>nums[1][1])
        count++;
    if(nums[len-1][1]>nums[len-2][1])
        count++;

    return count;
}
```

主程序如下，结果输出 4。

```
int main(){
    int nums[LENGTH][2]=
    {{1, 3}, {2, 7}, {10, 4}, {3, 5}, {4, 4}, {12, 9}, {5, 4}, {6, 6},
{7, 2}, {8, 9}}};
    int count=PeakCount(nums, LENGTH);
    std:: cout << count<< std:: endl;
```

```
    return 0；
}
```

2.15　递增子数组 1

给定一个长度为 N 的整数数组，如果满足下列三个条件：

$a[i]<=a[i-1]$，

$a[i]<a[i+1]<a[i+2]<\cdots<a[i+m-1]$

$a[i+m-1]>=a[i+m]$

那么 $a[i]$，$a[i+1]$，$\cdots$，$a[i+m-1]$ 是一个递增的子序列，长度为 m。

请找出数组 N 中连续的最长的子序列。

分析：首先，数组中每一个元素都可以看作一个递增子序列，长度为 1。定义一个变量 maxLen 存储最长子序列的长度，maxLen＝1。

不妨假设 $a[i]$ 最小，接着遍历整个数组，判断 $a[i]$ 和 $a[i+1]$ 的关系。如果 $a[i]<a[i+1]$，数组递增，接着判断 $a[i+1]$ 和 $a[i+2]$，直到 $a[i+m-1]>=a[i+m]$，利用子序列头尾两个元组的下标计算子序列的长度：$i+m-1-0+1=m$。

把 m 和已经产生的子序列长度 maxLen 进行比较，如果大于，那么 maxLen＝m。否则继续判断下一个子序列的长度，如图 2-1 所示。

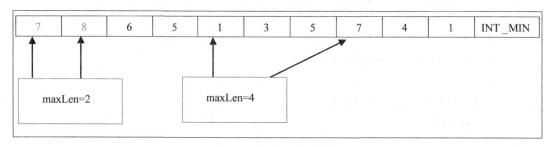

图 2-1　算法演示示意图

所以程序需要三个变量，第一个是存储最长子序列的长度，第二个是循环变量 i 遍历整个数组，第三是记录每一个子序列的起始位置，函数如下。

```
int AscendSubarray(int nums[], int len){
    int pos=0, i;
    nums[len]=INT_MIN;
    int maxLen=1;
    for ( i=0; i < len ; i++) {
        if (nums[i] >=nums[i+1]) {
```

```
            if ( maxLen < ( i − pos+1 ) )
                maxLen = i − pos +1 ;
            pos = i+1 ;
        }
    }
    return maxLen ;
}
```

主程序如下，结果输出6，其他的测试数据见表2-6。

```
const int LENGTH = 10 ;
int main ( ) {
    int nums [ LENGTH+1 ] = {1, 2, 3, 4, 5, 6, 3, 3, 2, 9} ;
    int len = AscendSubarray ( nums, LENGTH ) ;
    std :: cout << len << std :: endl ;
    return 0 ;
}
```

表 2-6   题 **2. 15** 测试数据以及测试结果

nums 数组	len
{1, 1, 1, 1, 1, 1, 1, 1, 2, 9}	3
{1, 1, 1, 1, 1, 1, 1, 1, 1, 1}	1
{10, 9, 8, 7, 6, 5, 4, 3, 2, 1}	1
{1, 2, 3, 1, 2, 3, 4, 5, 6, 7}	7

在 C 语言中数组的下标是从 0 开始。对于一个 for 循环，最重要的是确定循环变量的上界和下界。例如循环变量的上下界是两个整数 a 和 $b(a<b)$，要确定循环变量 i 取值范围是 (a, b)，或者 $(a, b]$，或者 $[a, b)$，还是 $[a, b]$。

程序中一个技巧是对最后一个元素 $a[N-1]$ 的处理，因为它没有办法和后面的元素进行比较，这里在数组中额外增加了一个元素，值是 INT_MIN。

2. 16 *H* 指数

H 指数是目前一种评价学术成就的新方法。*H* 代表"高引用次数"（high citations），一名科研人员的 *H* 指数是指他至多有 *H* 篇论文分别被引用了至少 *H* 次。例如某人的 *H* 指数是 20，这表示他已发表的论文中，每篇被引用了至少 20 次的论文总共有 20 篇。给定一个科研人员的论文数（从 0 开始编号，最大不超过 1000，以及每篇论文的被引用次数），

计算该科研人员的 H 指数。

分析：H 指数是指他至多有 H 篇论文分别被引用了至少 H 次。为了方便统计，需要对引用次数按照从小到大进行排序。例如一位科研人员有 16 篇论文，引用次数如下：8，9，34，4，5，7，8，10，43，100，21 21，34，43，101，100。

排序结果如下：5，6，7，8，8，9，10，21，21，34，34，43，43，100，100，101。从后往前累计文章的篇数 H，直到篇数小于 H[i]。最终该科研人员的 H 指数是 10，从后向前累计文章篇数是 10 时，引用次数最小是 12，图 2-2 演示了计算过程。

引用数量	5	6	7	8	8	9	10	21	21	34	34	43	43	100	100	101
							←									
指数 H							10	9	8	7	6	5	4	3	2	1
文章总数							10	9	8	7	6	5	4	3	2	1

图 2-2　H 指数计算过程

函数如下，其中 cite 是每篇文章被引用的数量，len 是文章数量，std :: sort 是调用了 C++中排序函数。

```cpp
int HIndex1(int cite[], int len) {
    int nIdx = 0;
    std:: sort(cite, cite+len);

    for (int i = len - 1; i >= 0; i--) {
        if (cite[i] >= (len - i)) {
            nIdx++;
        } else {
            break;
        }
    }
    return nIdx;
}
```

主程序如下，程序输出 5，其他的测试数据和结果见表 2-7。

```cpp
const int MAX_CITATION = 50;
const int LENGTH = 10;
```

```
int main( ) {
    int citations[ LENGTH ] = {1, 3, 3, 6, 8, 9, 34, 4, 5, 7};
    int hIndex ;
    hIndex = HIndex1( citations, LENGTH);
    std::cout << hIndex << std::endl;
    return 0;
}
```

表 2-7   题 2.16 测试数据和结果

citations 数组	hIndex
{1, 3, 3, 1, 2, 2, 34, 2, 2, 1}	3
{1, 3, 3, 1, 2, 2, 2, 2, 2, 1}	2
{10, 13, 13, 11, 8, 12, 12, 12, 12, 1}	8
{10, 13, 13, 11, 9, 12, 12, 12, 12, 1}	9
{10, 10, 10, 10, 10, 10, 10, 10, 10, 10}	10
{20, 20, 20, 20, 20, 20, 20, 20, 20, 20}	10
{0, 0, 0, 0, 0, 0, 0, 0, 0, 0}	0

这个程序从后向前统计不是很好理解。下面介绍一个比较好理解的方法。根据 *H* 指数的含义，不妨设 *H* 数组，$H[i]$ 代表被引用 i 次论文的数目。进一步仔细分析，一个论文被引用 i 次，意味着它可以被看成引用 1 次，2 次，一直到 $i-1$ 次。因此对于一个被引用 i 次的论文，必须对 $a[1]$，$a[2]$，…，$a[i]$ 都要加一。

最后遍历 *H* 数组，找到 $H[i]>=i$ 的最大 i 值。函数如下，cite 是每一篇论文被引用次数，len 是论文总数，N 代表最大引用次数。

```
int HIndex2( int cite[ ], int len, int N) {
    int H[ N + 1];
    int nIdx = 1;
    for (int i = 0; i <= N; i++)
        H[i] = 0;
    for (int i = 0; i < len; i++)
        for (int j = 1; j <= cite[i]; j++)
            H[j]++;

    for (int i = 1; i <= N; i++)
        if (H[i] >= i) {
```

```
            nIdx=i;
        }


    return nIdx;
}
```

第二种方法计算 H 数组是两重循环，最坏的情况下，每篇论文都被引用 N 次，所以代价是 $N*N$ 次访问数组元素，这种方法时间复杂度较高。

进一步分析，$H[i]$ 代表引用次数不低于 i 的论文总数，它的值等于引用次数等于 i 和超过 i 论文的数量和。所以第一步统计引用次数恰好等于 i 的论文总数，其次利用下面的递推关系计算 $H[i]$，这样就把两重循环降为一重循环，函数如下，参数含义同上，计算过程如图 2-3，函数如下。

$H[i-1]=H[i-1]+H[i]$　$i=N$，$N-1$，$\cdots$，2。

引用数	...	5	6	7	8	9	10	...	21	...	34	...	43	...	100	101
文章数	0	1	1	1	2	1	1	0	2	0	2	0	2		2	1
H指数							10	9	9	7	7	5	5	3	3	1

图 2-3　H 指数的滚动数组计算过程

```
int HIndex3(int cite[], int len, int N) {
    int H[N + 1];
    int nIdx=1;
    for (int i=0; i <=N; i++)
        H[i]=0;
    for (int i=0; i < len; i++)
        H[cite[i]]++;

    for(int i=N; i>1; i--)
        H[i-1]+=H[i];


    for (int i=1; i <=N; i++)
        if (H[i] >=i) {
            nIdx=i;
        }
```

```
    return nIdx;
}
```

至此，我们对 H 指数采用了三种方法，理论上感觉第三种方法效率挺高，但是下面需要再做进一步的仔细分析。

方法一需要对引用进行排序，假设有 M 篇文章，需要比较的次数是 $1+2+\cdots+M-1 = M(M-1)/2$，比较的次数基本等于访问数组的次数。排序后是计算 H 指数的代码，最坏情况访问整个数组，所以访问数组的总次数如下：

$$M(M-1)/2+M=M(M+1)/2$$

对于方法三，第一遍根据 M 个文章对数组赋值，访问数组的次数等于 M，第二步，递推计算 H 值，需要访问整个数组，数组长度等于最大引用次数 N，总的次数是 N，第三部计算 H 指数，最坏情况下需要访问整个数组，代价是 N，所以总的代价是 $2N+M$。数组的长度等于最大引用次数，访问的次数是 N。如果确实高效那么需要 $2N+M<M(M+1)/2$，即 $N<M(M-1)/4$。

对于前面提到的例子，$M=20$，$N=117$，两者的差别不大。同样对于一般的作者如果发表论文在 50 篇以上，最多被引用的次数小于 600，这个对一般的情况总是成立的。所以在绝大部分情况下算法三比算法一高效。

但是对于一些特殊情况，算法三没有算法一高效。深度学习非常热门，某一个青年研究人员发表了一篇重要文章可能被引用的次数非常多，以达到上千次；但是他总的论文数量可能只有 50 篇不到，此时 H 指数不会很高。采用方法三时数组长度非常大，最终导致算法效率反而低于方法一。所以你算法三的效率是不稳定的，会出现一些异常情况。

方法三给人的感觉是增加了空间开销，希望时间开销比较小，但是最终程序的时间开销并不一定有降低，所以在进行程序设计时，时间换空间，空间换时间的方法能否凑效，需要深入的分析。

2.17　连续子数组和最大 1

给定一个整数数组 nums ，找到一个具有最大和的连续子数组（子数组最少包含一个元素），返回其最大和。

分析：对于一个元素 nums[i]，最长的连续子数组是从第 i 个位置，一直到最后，在累加的过程中不断的将累加和和最大值进行比较，如果大于最大值，那么就将最大值保留下来。所以可以采用一个双重循环来解决问题，函数如下。

```
int MaxSubarray( int nums[ ], int len) {
    int sum = 0;
    int maxSum = INT_MIN;
    for( int i = 0; i<len-1; i++) {
        sum = nums[ i];
```

```
        maxSum=std:: max(sum, maxSum);
        for( int j=i+1; j<len; j++){
            sum+=nums[ j];
            maxSum=std:: max(sum, maxSum);
        }
    }
    return maxSum;
}
```

主程序如下，程序结果输出 30，其他测试数据和结果见表 2-8。

```
int main( ) {
    int nums[ LENGTH ]={1, -2, 3, 4, 0, -3, 12, 14, -9, 8};
    int sum=MaxSubarray( nums, LENGTH);
    std:: cout << sum << std:: endl;
    return 0;
}
```

表 2-8   **题 2. 17 测试数据和结果**

nums 数组	sum
{1, 2, 3, 4, 0, 3, 12, 14, 9, 8}	56
{-1, -2, -3, -4, 0, -3, -12, -14, -9, -8}	0
{-1, -2, -3, -4, -7, -3, -12, -14, -9, -8}	-1
{-1, 2, -3, 4, 7, -3, 12, -14, 9, 8}	23

2.18　拆分字符串 1

给定一个字符数组，该数组包含只两个字符 L 和 R，请将该字符串拆分成尽可能多的字符串，每一个字符串包含相同的 L 和 R 字符，最多可以得到几个字符串。

分析：这道题目也是遍历字符数组，遍历的同时关键是何时拆分。例如给定一个字符串 LRRLLLRR，最多可以拆分成三个字符串子串：LR，RL 以及 LLRR。因为每一个子字符串中 L 和 R 的数量必须相等，那么设置一个变量 count，初值为 0，如果字符 $a[i]$ 等于 R，count 加 1，如果等于 L，count 减 1，如果 count 等于 0，那么就得到一个满足要求的子字符串。程序如下。

```
int balancedSplit( char str[ ], int len) {
```

```
    int count=0, res=0;
    for (int i=0; i < len; i++) {
        if (str[i]=='R') {
            count++;
        } else {
            count--;
        }
        if (count==0) {
            res++;
        }
    }
    return res;
}
```

主程序如下，程序运行结果等于5，其他测试数据见表2-9。

```
int main() {
    char * str="LRLRLRLLRRLLLLLRRRR";
    int count=balancedSplit(str, 58);
    std:: cout << count << std:: endl;
}
```

表 2-9   题 2.18 测试数据和结果

str	count
"LR"	1
"RL"	1
"RLLRRL"	3
"RLLRRLLLRRLRLLLLLRRRR"	6

2.19　两数的和

给定一个整数数组，该数组中不包含相同的元素，找出两个不同的数的和等于 target，请问一共有多少组？

分析：这道题目很简单，可以采用双重循环解决，基本程序代码如下。

```
int Sum(int nums[], int len, int target){
    int count=0;
    for(int i=0; i<len-1; i++)
        for(int j=i+1; j<len; j++)
            if((nums[i]+nums[j])==target)
                count++;
            return count;
}
```

这道题目，可以有一个很简单的解法，只需要遍历数组一次，程序需要建立一个散列（map）结构，这个结构中存储的是 $N-a[i]$ 的值，对于一个元素判断 $a[j]$，首先判断它是否在这个 map 中，如果在那么 count++，不在就把 $N-a[j]$ 添加到 Hash 中。下列步骤显示了遍历过程中 map 的变化过程。

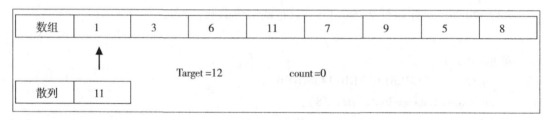

第一步　访问 1

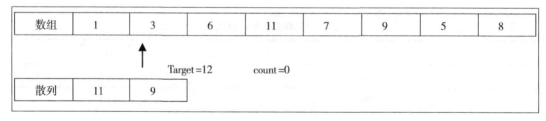

第二步

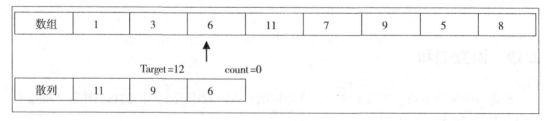

第三步

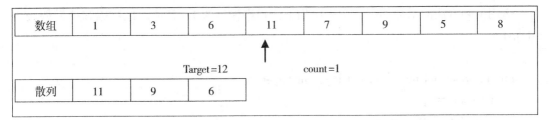

第四步　11 在散列中

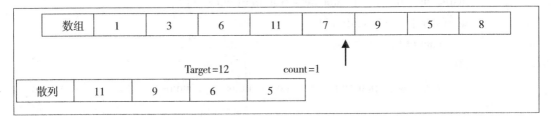

第五步

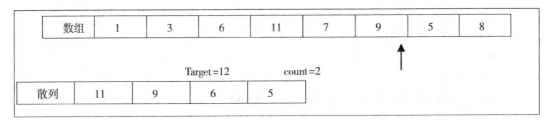

第六步　9 在散列中

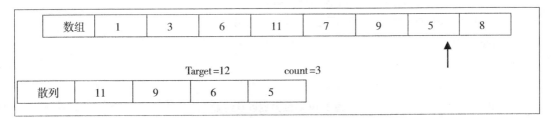

第七步　访问 5，5 在散列中

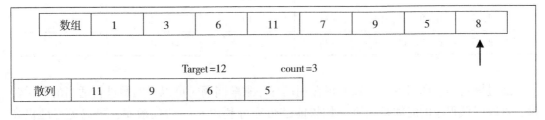

第八步　程序结束

运用散列方法的函数如下，主程序如下，程序输出 3 3。其他测试数据和结果如表 2-10 所示。

```
int HashSum(int nums[], int len, int target){
    int count=0;
    map<int, int> rest;
    for(int i=0; i<len; i++){
        map< int , int>::iterator iter=rest.find(nums[i]);
        if (iter != rest.end())
            count++;
        else
            rest.insert(pair<int, int>(target-nums[i], nums[i]));
    }
    return count;
}


const int LENGTH=10;
int main(){
    int sum=12;
    int nums[LENGTH]={1, 2, 3, 4, 7, 8, 11, 13, -1, -3};
    int count1=0, count2=0;
    count1=Sum(nums, LENGTH, sum);
    count2=HashSum(nums, LENGTH, sum);
    cout << count1<<"  "<<count2 << std::endl;
    return 0;
}
```

表 2-10 题 2.19 测试数据以及结果

nums 数组	sum	count1	count2
{1, 2, 6, 4, 6, 8, 11, 13, -1, -3}	12	4	4
{1, 2, 7, 4, 6, 8, 11, 13, -1, -3}	14	2	2
{1, 2, 7, 4, 6, 8, 11, 13, -1, -3}	16	0	0

通过题目四、题目五，可以发现在利用程序求解问题时可以对问题进行适当的数学转换，可以降低程序的时间复杂度，如果能够再充分利用 C++的模板库，可以更好地提高程序的性能，降低程序的时间复杂度。

2.20　确定比赛对手

甲乙两个班进行象棋比赛，各出三人。甲班为 a，b，c 三人，乙班为 x，y，z 三人，通过抽签决定比赛对手，a 说他不和 x 比，c 说他不和 x，z 比，请编程序找出他们之间的对弈关系。

分析：这是一个最常见的智力竞赛问题，要通过程序来实现，简单办法是设置一个数组，本题是 3 个人，那么可以设置一个 3 * 3 的二维数组 nums，如果 nums[i][j]=1，代表甲班第 i 个选手和乙班的第 j 个选手对弈。如果 nums[i][j]=0，代表甲班第 i 个选手和乙班的第 j 个选手不存在对弈关系，初始时数组元素均等于-1，代表未知。

可以发现，这个二维矩阵中每一行只能有一个 1，每一列也只能有一个 1。矩阵的变化过程如图 2-4 所示。当二维数组中有一行只有一个-1 时，假设为 match[i][j]，那么甲班的第 i 个选手和乙班的第 j 个选手是对弈者。

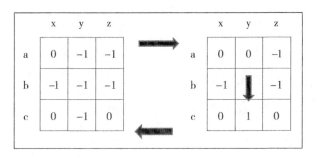

图 2-4　对弈矩阵变化过程

函数如下，Initialize 是初始化二维数据的函数，设置不是对手，GetRow 函数返回值为行号，该行中只有一个元素的值等于 UNKNOWN，其余是 0，代表该选手的对手可以确定，该元素对应的列就是其对手。

```
void Initialize( int match[ ][3] ) {
    for ( int i=0; i < 3; i++)
        for ( int j=0; j < 3; j++)
            match[i][j]=UNKNOWN;

    match[0][0]=UNMATCH;
    match[2][0]=UNMATCH;
    match[2][2]=UNMATCH;
}

const int UNKNOWN=-1;
```

```cpp
const int MATCH = 1;
const int UNMATCH = 0;

int GetRow(int match[][3]) {
    int count;
    for (int i = 0; i < 3; i++) {
        count = 0;
        for (int j = 0; j < 3; j++)
            if (match[i][j] == UNKNOWN)
                count++;
        if (count == 1)
            return i;
    }
    return -1;
}


void FindOpponent() {
    char party_a[] = {'a', 'b', 'c'};
    char party_b[] = {'x', 'y', 'z'};
    int row;
    int match[3][3];

    Initialize(match);
    Match(match);

    for (int i = 0; i < 3; i++)
        for (int j = 0; j < 3; j++)
            if (match[i][j] == 1) {
                std:: cout << party_a[i] << " vs ";
                std:: cout << party_b[j] << std:: endl;
            }
}


void Match(int match[][3]) {
    int row;
    for (int i = 0; i < 3; i++) {
        row = GetRow(match);
        for (int j = 0; j < 3; j++)
```

```
if (match[row][j]==-1) {
    //将这一列置为 0
    for (int k=0; k < 3; k++)
        match[k][j]=0;
    //设置对手
    match[row][j]=MATCH;
}
}
}
```

2.21 众数 1

给定一个整数数组，找出其众数(假设众数唯一且存在)。众数是数组中出现频率最高的数。

分析：众数是出现频率最高的数，所以需要遍历数组，统计每一个数出现的频率。有两种做法，第一种是对数组进行排序，然后统计每一个数出现的次数。函数如下，排序后可以采用双指针技巧对数据进行处理。

```
int FindMode1(int nums[], int len) {
    std::sort(nums, nums+len);
    int freq=1;
    int maxFreq=0;
    int pos=1;
    for(int i=1; i<len; i++) {
        if(nums[i]==nums[i-1])
            freq++;
        else
        {
            if(freq>maxFreq) {
                pos=i-1;
                maxFreq=freq;
            }
            freq=1;
        }
    }
    //最后一个，特殊情况处理
    if(freq>maxFreq) {
```

```
            pos = len-1;
        }
        return nums[pos];
    }
```

上述方法，需要对数据进行排序，时间复杂度是 $O(n^2)$，另外一种解法是借助于 map 结构，map 结构中 key 就是数组中不同的元素，value 对应于该元素出现的频率。最后遍历 map 结构，找出频率最大对应的整数，函数如下。

```
int FindMode2(int nums[], int len) {
    int maxFreq = 0;
    int mode = -1;
    map<int, int> elt;
    map<int, int>::iterator itr;
    int freq;
    for(int i=0; i<len; i++) {
        itr = elt.find(nums[i]);
        freq = 1;
        if(itr == elt.end())
            elt.insert(pair<int, int>(nums[i], freq));
        else {
            freq = itr->second+1;
            elt.erase(nums[i]);
            elt.insert(pair<int, int>(nums[i], freq));
        }
    }

    for(itr=elt.begin(); itr! = elt.end(); itr++) {
        if(itr->second>maxFreq) {
            maxFreq = itr->second;
            mode = itr->first;
        }
    }
    return mode;
}
```

主程序如下，程序运行输出 6 和 6。

```
const int LENGTH = 10;
```

```
int main( ) {
    int val1, val2;
    int nums[ ] = {1, 6, 6, 4, 5, 6, 2, 6, 5, 5};
    val1 = FindMode1(nums, LENGTH);
    val2 = FindMode1(nums, LENGTH);
    std:: cout << val1 << std:: endl;
    std:: cout << val2 << std:: endl;
    return 0;
}
```

2.22 众数 2

给定一个数组 nums[N]，数组中每一个元素的值是一个投票表决的结果。例如一共有 4 个选项，投票结果就是选择 1，或者 2、3、4。请输出有没有哪一个选项超过一半的人数同意。

分析：超过一半的人同意，即这个数的出现的频率超过 N/2，这道题目可以采用前一道题的方法加以解决。但是这道题目有一个特殊的解法，叫做摩尔投票算法，频率超过 N/2 的数称为主要元素。

摩尔投票算法设置两个变量，一个是存放频次最高的数(假设是 val)，另外一个变量存放该数出现的频次(假设是 count)，缺省值等于 0。

遍历数组的规则如下，如果 count 值为 0，那么当前数就是频次最高的数，如果 count 等于 1，并且当前数不等于 val，那么就将 count 置为零，相当于把这两个数抵消了。如果 count 值等于零，没有找到主要元素，如果不等于 0，还需要遍历一次数组，统计 val 值的频率。如果大于一半那么就是主要元素，算法演示过程如下：

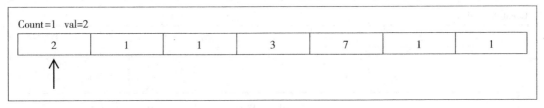

Count=0	val					
2	1	1	3	7	1	1

初始状态

Count=1	val=2					
2	1	1	3	7	1	1

第一步

41

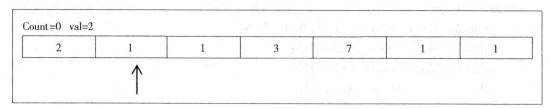

第二步　对消

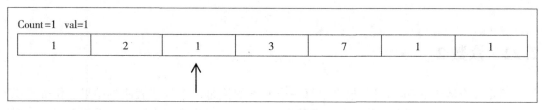

第三步

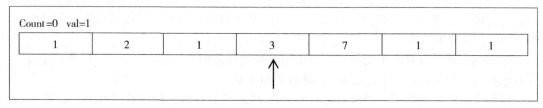

第四步　对消

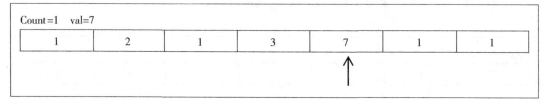

第五步

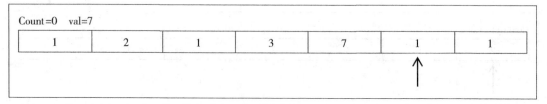

第六步　对消

Count=1 val=1						
1	2	1	3	7	1	1

第七步

Count=4 val=1						
1	2	1	3	7	1	1

第八步 统计数组中1出现的频率

具体的函数如下。

```
bool FindMajorElement(int nums[], int len, int &val) {
    int count = 0;
    for (int i = 0; i < len; i++) {
        if (count == 0) {
            val = nums[i];
            count++;
        } else {
            if (val == nums[i])
                count++;
            else
                count--;
        }
    }
    if (count == 0)
        return false;
    count = 0;
    for (int i = 0; i < len; i++)
        if (nums[i] == val)
            count++;
    if (count * 2 > len)
```

```
        return true;
    else
        return false;
}
```

本道题目的时间复杂度和利用 map 一样,但是额外的数据空间少了。主程序如下,
程序输出"Not found",其他测试数据见下表。

const int LENGTH = 10;

```
int main( ) {
    int val;
    int nums[ ] = {1, 6, 6, 4, 5, 6, 2, 6, 5, 5};
    bool exist = FindMajorElement( nums, LENGTH, val);
    if ( exist)
        std∷cout << val << std∷endl;
    else
        std∷cout << "Not found" << std∷endl;
    return 0;
}
```

表 2-11   题 **2.22** 测试数据和结果

nums 数组	LENGTH	val
{1, 6, 6, 4, 5, 6, 2, 6, 6, 5}	10	Not found
{1, 6, 6, 4, 5, 6, 2, 6, 6, 5, 6}	11	6
{1, 6, 6, 4, 5, 6, 2, 6, 6}	9	6
{1, 6, 6, 4, 5, 6, 2, 6, 5}	9	Not found

2.23　二进制加法 1

有两个长度一样的数组 nums1, nums2, 数组元素均为 0 或者 1, 请将两个数组按照二
进制相加,最高位如果有进位直接丢弃,输出相加后的二进制串。

分析:二进制相加,如果第 i 位相加 num[i]+nums[i], $i-1$ 位相加的进位可能是 0,
或者是 1, 所以真值表如表 2-12 所示。

表 2-12 真 值 表

num1[i]	nums2[i]	i-1 进位	和	进位
1	1	1	1	1
1	1	0	0	1
1	0	1	0	1
1	0	0	1	0
0	1	1	0	1
0	1	0	1	0
0	0	1	1	0
0	0	0	0	0

函数如下，主程序如下，运算结果等于01011，其他测试数据和结果见表 2-13。

```
void AddBinary(int nums1[], int nums2[], int nums3[], int len) {
    int carry = 0;
    for (int i = len - 1; i >= 0; i--) {
        if ((nums1[i] + nums2[i] + carry) == 3) {
            nums3[i] = 1;
            carry = 1;
        } else if ((nums1[i] + nums2[i] + carry) == 2) {
            nums3[i] = 0;
            carry = 1;
        } else {
            nums3[i] = nums1[i] + nums2[i] + carry;
            carry = 0;
        }
    }
}
```

表 2-13 题 2.23 的测试数据和结果

nums1 数组	nums2 数组	nums3 数组
{1, 1, 1, 1, 1}	{0, 0, 0, 0, 1}	00000
{0, 1, 1, 1, 1}	{0, 0, 0, 0, 1}	10000
{0 1, 0, 1, 1}	{0, 0, 0, 0, 1}	01100

const int LENGTH = 5;

```
int main( ) {
    int nums1[LENGTH] = {1, 1, 1, 1, 0};
    int nums2[LENGTH] = {0, 1, 1, 0, 1};
    int nums3[LENGTH];
    AddBinary(nums1, nums2, nums3, LENGTH);
    for (int i = 0; i < LENGTH; i++)
        std:: cout << nums1[i];
    return 0;
}
```

2.24　二进制加法 2

有一个数组 nums，数组元素均为 0 或者 1，将这个数组按照二进制相加的规则，连续加 K 个 1，输出相加后的二进制串，最高位如果有进位直接丢弃。

分析：有了前一道题目作为基础，本道题目解决就显得比较容易，从最低位开始加 1，得到进位，如果进位没有直接退出，如果有则将高位和进位相加。函数如下。

```
void AddKOne(int nums[], int len, int K) {
    int carry;
    for (int i = 0; i < K; i++) {
        carry = 1;
        for (int j = len − 1; j >= 0; j--) {
            if ((nums[j] + carry) == 2) {
                nums[j] = 0;
                carry = 1;
            } else {
                nums[j] = nums[j] + carry;
                break;
            }

        }
    }
}
```

假设有 5 个元素形成的集合，输出这这个集合的真子集，可以借助于上面这道题目。五个元素对应于 5 个二进制位，如果该位等于零，那么不输出该元素，每输出一个真子集后，将该二进制数加一，根据相加的结果，再次输出相应的元素，这样就可以得到所有的真子集。

主程序如下，程序运行结果 01111，当 K 变化时测试数据和结果如表 2-14 所示。

```cpp
const int LENGTH = 5;
int main( ) {
    int K = 4;
    int nums[LENGTH] = {0, 1, 0, 1, 1};
    AddKOne(nums, LENGTH, K);
    for (int i = 0; i < LENGTH; i++)
        std::cout << nums[i];
    return 0;
}
```

表 2-14   **题 2.24 测试数据和结果**

K	nums 数组
2	01101
8	10011
0	01011
32	01011
31	01010

2.25 最大整数

题目：给定一个正整数数组，将这些数字拼接成一个整数，输出最大的整数。

分析：在字符串一章，采用了字符串处理的方式，使得拼接的数得到最大。如果不采用字符串处理的方式，仍然将数看成整数，同样可以解决。解决的方法和字符串类似，以最大的数的宽度为基准，最高位左对齐，右边不够的补原始数的最后一位。

例如 9、98 和 987，最大的数 987 的宽度为 3，将 9 扩大 100 倍加 99 得到 999，98 扩大 10 倍加 8 得到 988，最后比较 999、988、987，从大到小输出。同样如果是 1、12、123，利用上面的操作可以得到 111，122，123，排序结果是 123>122>111，所以最大的数是 123121。

因为要计算每一个数的位数，通过比较得到最大的数的位数，因此定义了一个结构体 Pair，存储每一个数，以及对应的位数，如下。

```cpp
#include<string>
#include<math.h>
```

```
using namespace std;
typedef struct {
    int val;
    int width;
} Pair;
```

主函数如下，主函数包含了四个函数，第一个是 Initialize 函数，将输入的正整数进行初始化，即得到每一个数的宽度；Enlarge 对每一个数根据最大的数进行放大，函数中有一行代码如下：

$$p[i].width = width - p[i].width;$$

其作用是将宽度设置成放大的倍数。Sort 是对放大后的数按照从小到大进行排序，Recover 函数将每一个整数恢复成原值，最后输出每一个整数拼接成的字符串。

```
string MergeNumber(int nums[], int len) {
    string str;
    Pair *p = new Pair[len];
    for (int i = 0; i < len; i++)
        p[i].val = nums[i];

    Initialize(p, len);
    Enlarge(p, len);
    Sort(p, len);
    Recover(p, len);

    for (int i = len-1; i >= 0; i--) {
        str += to_string(p[i].val);
    }
    return str;
}

//计算每一个数的宽度
void Initialize(Pair p[], int len) {
    int width = 0;
    int val;
    for (int i = 0; i < len; i++) {
        val = p[i].val;
        width = 0;
        while (val > 0) {
```

```
                width++;
                val=val / 10;
            }
            p[i].width=width;
        }
    }


void Enlarge(Pair p[ ], int len) {
    int width=0;
    int tmp;
    int zero_val=0;

    for (int i=0; i < len; i++)
        width=std::max(width, p[i].width);

    for (int i=0; i < len; i++) {
        zero_val=p[i].val%10;
        for(int j=0; j<width - p[i].width; j++) {
            p[i].val *=10;
            p[i].val+=zero_val;
        }
        p[i].width=width - p[i].width;
    }
}


void Recover(Pair p[ ], int len) {
    for (int i=0; i < len; i++)
        p[i].val=(p[i].val )/pow(10, p[i].width  );
}


void Sort(Pair p[ ], int len) {
    int pos;
    int val, width;
    for (int i=0; i < len - 1; i++) {
        pos=i;
        for (int j=i + 1; j < len; j++) {
            if (p[pos].val > p[j].val)
                pos=j;
```

```
            }
            if (pos ！=i) {
                val=p[i].val;
                width=p[i].width;
                p[i].val=p[pos].val;
                p[i].width=p[pos].width;
                p[pos].val=val;
                p[pos].width=width;
            }
        }
    }
```

这道题目，也可以采用字符串的方式处理，那就相对简单多了，首先把每一个数转换成相对应的字符串，接着找出长度最长的字符串，其他的字符串在字符串的末尾和补上若干字符使它们的长度和最长字符串一样，所增加的字符是原字符串的最后一个字符，最后对字符串按照字典顺序排序即可以，函数如下。

```
typedef struct {
    string val;
    int width;
} Record;

string MergeNumber2(int nums[], int length) {
    Record ele[length];
    int len, maxLen=0;
    string tmp;
    for(int i=0; i<length; i++){
        ele[i].val=to_string(nums[i]);
        len=ele[i].val.length();
        maxLen=max(len, maxLen);
    }
    for (int i=0; i < length; i++){
        len=ele[i].val.length();
        ele[i].width=maxLen - len;
        ele[i].val.append(ele[i].width, ele[i].val[len-1]);
    }
    for (int i=0; i < length - 1; i++)
        for (int j=i + 1; j < length; j++)
```

```
            if (strcmp(ele[i].val.c_str(), ele[j].val.c_str()) > 0) {
                tmp = ele[i].val;
                ele[i].val = ele[j].val;
                ele[j].val = tmp;

                len = ele[i].width;
                ele[i].width = ele[j].width;
                ele[j].width = len;
            }
    tmp.clear();
    for (int i = length - 1; i >= 0; i--) {
        len = ele[i].val.length() - ele[i].width;
        tmp += ele[i].val.substr(0, len);
    }
    return tmp;
}
```

主程序如下，程序输出 998987987698765，其他测试数据如表 2-15 所示。

```
const int LENGTH = 5;
int main() {
    int nums[LENGTH] = {9876, 987, 98, 9, 98765};
    string srMax1 = MergeNumber1(nums, LENGTH);
    string srMax2 = MergeNumber2(nums, LENGTH);
    std::cout << srMax1 << std::endl << srMax2;
    return 0;
}
```

表 2-15   题 2.25 测试数据和结果

nums 数组	srMax1	srMax1
{1, 12, 1234, 12345, 123}	123451234123121	123451234123121
{11, 12, 13, 14, 15}	1514131211	1514131211
{78, 651, 23, 8, 4340}	878651434023	878651434023

2.26 稀疏矩阵转置

稀疏矩阵是一个矩阵中 0 元素很多的矩阵，对稀疏矩阵可以采用三元组的形式存储，如<行号、列号、值>。假设有一个整数矩阵如图 2-5 所示，矩阵中有 9 个元素，但是只有 4 个元素有非零值，右边是矩阵三元组存储的结果。

$$A = \begin{matrix} 1 & 0 & 0 \\ 0 & -2 & 1 \\ 0 & 3 & 0 \end{matrix}$$

行号	列号	值
0	0	1
1	1	−2
1	2	1
2	1	3

图 2-5　稀疏矩阵的三元组存储

因此一个稀疏整数矩阵可以用一个二维数组来存储，并且第二维的长度是 3。给定一个稀疏矩阵的三元组形式，求出该矩阵的转置矩阵。

分析：矩阵的转置就是将每一个元素的行号和列号相互交换，函数如下。

```
void Transfer(int nums[][3], int len){
    int tmp;
    for(int i=0; i<len; i++){
        tmp=nums[i][0];
        nums[i][0]=nums[i][1];
        nums[i][1]=tmp;
    }
}
```

主程序如下，程序输出结果如下。

```
const int LENGTH=5;
int main(){
    int nums[][3]={{0, 1, 1}, {1, 0, 2}, {1, 2, 1}, {2, 1, 3}, {3, 2, 1}};
    Transfer(nums, LENGTH);
    for(int i=0; i<LENGTH; i++)
        std::cout<<nums[i][0]<<" "<<nums[i][1]<<" "<<nums[i][2]<<std::endl;
    return 0;
```

```
}
```

$$
\begin{array}{ccc}
1 & 0 & 1 \\
0 & 1 & 2 \\
2 & 1 & 1 \\
1 & 2 & 3 \\
2 & 3 & 1
\end{array}
$$

2.27　稀疏矩阵的乘

给定 A，B 两个稀疏矩阵的三元组表示形式，对应的数组是 nums1[N][3]、nums2[M][3]。写一个程序输出两个矩阵相乘的结果，假设 A，B 两个矩阵一定可以相乘。

分析：如果稀疏矩阵不是三元组的形式，而是采用二维数组的形式相乘，两个元素相乘的条件是第一个元素的列号等于第二个元素的行号，如果 nums1[i][1]==nums2[j][0]，那么这两个三元组就可以相乘，结果三元组的值是<nums1[i][0]，nums2[j][1]，nums1[i][2]*nums2[j][2]>。

接着对所有的三元组，如果行号和列号相同，则对值这一列求和，和如果不等于零，则放到结果中，主函数如下。

```
int Produce( int nums1[ ][3], int len1, int nums2[ ][3], int len2, int nums3[ ][3] ) {
    int rows = MultiplyTuples( nums1, len1, nums2, len2, nums3 );
    return SumTuples( nums3, rows );
}
```

主函数调用 MultiplyTuples 函数和 SumTuples 函数，MultiplyTuples 函数是实现三元组相乘，SumTuples 函数是实现三元组相加。

```
int SumTuples( int nums[ ][3], int len ) {
    int maxRow = 0, maxCol = 0;
    int rows;
    //找最大行号，列号
    for( int i = 0; i<len; i++ ) {
        maxRow = std:: max( maxRow, nums[i][0] );
        maxCol = std:: max( maxCol, nums[i][1] );
    }

    int tmp[ maxRow * maxCol ][3];
```

```
        rows=0;
        for(int i=0; i<=maxRow; i++){
            for(int j=0; j<=maxCol; j++){
                tmp[rows][2]=0;
                //三元组具有相同的行号和列号，求和
                for(int k=0; k<len; k++){
                    if((nums[k][0]==i)&&(nums[k][1]==j))
                        tmp[rows][2]+=nums[k][2];
                }
                //结果不为零
                if(tmp[rows][2]){
                    tmp[rows][0]=i;
                    tmp[rows][1]=j;
                    rows++;
                }
            }
        }
        //复制到结果数组中
        for(int i=0; i<rows; i++){
            nums[i][0]=tmp[i][0];
            nums[i][1]=tmp[i][1];
            nums[i][2]=tmp[i][2];
        }
        return rows;
    }

    int MultiplyTuples(int nums1[][3], int len1, int nums2[][3], int len2, int nums3[]
[3]){
        int rows=0;
        for(int i=0; i<len1; i++){
            for(int j=0; j<len2; j++){
                if(nums1[i][1]==nums2[j][0]){
                    nums3[rows][0]=nums1[i][0];
                    nums3[rows][1]=nums2[j][1];
                    nums3[rows][2]=nums1[i][2]*nums2[j][2];
                    rows++;
                }
            }
        }
```

```
        }
        return rows;
    }
```

主程序如下，程序输出如下，经过矩阵运算，发现结果正确。

```
int main( ) {
    int nums1[ ][3] = {{0, 0, 1}, {1, 1, -2}, {1, 2, 1}, {2, 1, 3}};
    int nums2[ ][3] = {{0, 0, 1}, {1, 1, 1}, {2, 2, 1}};
    int nums3[20][3];
    int row = Produce( nums1, 4, nums2, 3, nums3);
    for( int i = 0; i<row; i++){
        std:: cout<<nums3[i][0]<<" "<<nums3[i][1]<<" "<<nums3[i][2]<<
std::: endl;
    }
    return 0;
}
```

```
0   0    1
1   1   -2
1   2    1
2   1    3
```

2.28　差分数组 1

有一个景点，旅游团需要提前预约下一个月的入园名额，因此可以用一个数组存放下个月当前的预约总数。每天晚上工作人员都要统计当天预约数，以便对预约总数进行修改，修改的操作可以抽象成对数组$[a, b]$区间的每一个元素增加 k，或者减去 k 操作。增加代表有新的旅游团，减去 k 代表旅游团退掉预约，给定一个 change[N][3] 数组，change[N][0]代表起始日期，change[N][1]代表终止日期，change[N][2]代表预约的变化数，请问最终每一天有多少个旅游团来。

分析：根据每一个月的天数，可以定义相应长度的数组，设为 book，数组中每一个元素的缺省值均为 0，然后遍历 change 数组，对 book 数组进行修改，函数如下。

```
void Collect( int book[ ], int change[ ][3], int len ){
    for( int i = 0; i<len; i++){
        for( int j = change[i][0]; j<=change[i][1]; j++)
```

```
            book[j]+=change[i][2];
        }
    }
```

主程序如下，程序运行结果如下。

```
const int LENGTH=10;
int main( ) {
    int nums[LENGTH]={1, 2, 4, 7, 6, 4, 5, 1, 10, 3};
    int change[LENGTH][3]=
    {{1, 4, 2}, {2, 7, -1}, {0, 5, 1}, {7, 8, -1}, {3, 8, 2},
    {4, 9, -1}, {1, 4, 2}, {2, 7, 1}, {3, 8, -1}, {1, 8, 1}};

    std::cout<<"初始值";
    for(int i=0; i<10; i++){
        std::cout.width(2);
        std::cout <<nums[i]<<"  ";
    }
    std::cout <<std::endl;

    std::cout<<"最新值";
    Collect(nums, change, LENGTH);
    for(int i=0; i<10; i++){
        std::cout.width(2);
        std::cout <<nums[i]<<"  ";
    }
    return 0;
}
```

```
初始值   1  2   4   7   6  4  5  1  10   3
最新值   2  8  10  14  12  6  6  1  10   2
```

2.29　差分数组 2

有一个景点，旅游团需要提前预约下一个月的入园名额，因此可以用一个数组存放下个月当前的预约总数。每天晚上工作人员都要统计当天预约数，以便对预约总数进行修改，修改的操作可以抽象成对数组[a, b]区间的每一个元素增加 k，或者减去 k 操作。增加代表有新的旅游团，减去 k 代表旅游团退掉预约，给定一个 change [N] [3] 数组，change[N] [0]代表起始日期，change[N] [1]代表终止日期，change[N] [2]代表预约的变化数，请问最终每一天有多少个旅游团来。

分析：如果采用前面的方法，会频繁地访问 book 数组，时间复杂度比较高，这里采用差分数组的方式，可以提高算法的效率。

差分数组是一个与原来数组具有相等长度的数组，其第 i 个位置的值，表示原数组中第 i 个位置值减去原数组第 $i-1$ 个位置的值。这个地方正好和计算兔子数列中的滚动数组相反。

假设原数组是 nums，假设差分数组定义为 diff，可以得到如下的计算公式，

$$diff[0]=nums[0];$$
$$diff[i]=nums[i]-nums[i-1]$$

通过差分数组可以复原原数组的值。

对于修改区间[a , b]之间的值，可以简单的变为下面两个操作，第一个是

$$diff[a]+=k;$$
$$diff[b+1]-=k;$$

这不难理解，因为在还原原数组时，是差加上前面的元素，所以前面的元素增加 k，后面的元素也就增加 k；但是这个操作到 b 这个位置就结束，那么 $b+1$ 这个位置的元素也会增加 k，所以在 diff[$b+1$]这个位置减去 k，就把这个影响消除了。通过差分数组，修改一个区间的值，就改变为两个操作，函数如下。

```
void Adjust( int nums[ ], int len1, int change[ ][3], int len2 ){
    int * diff=new int[len1];
    diff[0]=nums[0];
    for( int i=1; i<len1; i++)
        diff[i]=nums[i]-nums[i-1];

    for( int i=0; i<len2; i++){
        diff[change[i][0]]+=change[i][2];
        if(( change[i][1]+1)<len1)
            diff[change[i][1]+1]-=change[i][2];
    }

    nums[0]=diff[0];
    for ( int i=1; i <len1; i++) {
        nums[i]=diff[i] + nums[i - 1];
    }
}
```

主程序只需要把 2.28 主程序中 Collect 函数替换为 Adjust 函数就可以，程序运行如下，可以发现结果一样。

```
const int LENGTH = 10;
int main( ) {
    int nums[LENGTH] = {1, 2, 4, 7, 6, 4, 5, 1, 10, 3};
    int change[LENGTH][3] = {{1, 4, 2}, {2, 7, -1}, {0, 5, 1}, {7, 8, -1},
{3, 8, 2}, {4, 9, -1}, {1, 4, 2}, {2, 7, 1}, {3, 8, -1}, {1, 8, 1}};

    std:: cout<<"初始值";
    for( int i=0; i<10; i++) {
        std:: cout. width(2);
        std:: cout <<nums[i]<<"   ";
    }
    std:: cout <<std:: endl;

    std:: cout<<"最新值";
    Adjust(nums, LENGTH, change, LENGTH);
    for( int i=0; i<10; i++) {
        std:: cout. width(2);
        std:: cout <<nums[i]<<"   ";
    }
    return 0;
}
```

初始值	1	2	4	7	6	4	5	1	10	3
最新值	2	8	10	14	12	6	6	1	10	2

2.30 差分数组 3

暑假到了，实验室养了一些花卉，需要每天浇水，为此实验室制定了一个值班表，每个人负责连续若干天，请问花是否可以每天都被浇水且不重复？

分析：这道题目可以用差分数组来解决，定义一个数组，其长度等于暑假的天数，缺省值等于 0，每个人负责的时间是 $[a, b]$，相当于把数组从 a 位置到 b 位置的元素加 1，最后遍历整个数组，判断有没有一天等于零或者超过一，函数如下。

```
const int HOLIDAY = 10;
```

```
bool Flower( int day[ ][2], int len) {
    int * schedule = new int[HOLIDAY];
    int * diff = new int[HOLIDAY];
    for( int i=0; i<HOLIDAY; i++) {
        schedule[i] = 0;
        diff[i] = 0;
    }
    for( int i=0; i<len; i++) {
        diff[ day[i][0] ]++;
        if( ( day[i][1]+1)<HOLIDAY)
            diff[ day[i][1]+1 ]--;

    }
    schedule[0] = diff[0];

    for( int i=0; i<HOLIDAY; i++) {
        schedule[i] = diff[i] +    schedule[i-1];
        if( ( schedule[i] ==0) | | ( schedule[i]>1) )
            return false;
    }
    return true;
}
```

主程序如下，程序运行结果输出 1，代表每一天恰好有一个人浇花，其他测试数据和结果如表 2-16 所示。

```
int main( ) {
    int day[ ][2] = { {0, 1}, {2, 2}, {3, 4}, {5, 6}, {7, 9} };
    bool water = Flower( day, 5);
    std:: cout << water;
    return 0;
}
```

表 2-16   题 2.30 测试数据

day 数组	water	说明
{ {0, 1}, {2, 2}, {3, 5}, {5, 6}, {7, 9} }	0	第 6 天有两个人浇花
{ {0, 1}, {2, 2}, {3, 4}, {5, 6}, {8, 9} }	0	第 7 天没有人浇花

第3章 字 符 串

3.1 回文字符串

给定一个字符串，请判断该字符串是否回文字符串。

例如一个字符串 abcba，从右向左读是 abcba，和原字符串相等，所以 abcba 是回文字符串。回文字符第二种情况是字符个数为双数情况，例如 abccba，如图 3-1 所示。根据回文字符串的特点，可以定义两个指针，分别从数组头尾遍历字符串，函数如下。循环结束的条件是 $i==j$ 或者是 $i>j$。$i==j$ 代表字符串包含奇数个字符，$i>j$ 代表字符串包含偶数个字符。参数 len 是字符串的长度。

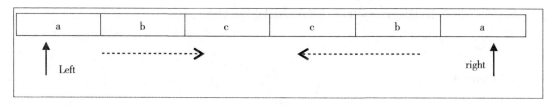

图 3-1

```
bool Palindrome(char str[ ], int len) {
    int i=0, j=len - 1;
    do {
        if (str[i] ! =str[j])
            return false;
        else {
            i++;
            j--;
        }
    } while (i < j);
    return true;
}
```

主程序如下，输出结果是 1，含义是是回文字符串，其他测试数据和结果见表 3-1。

```
const int LENGTH = 10;
int main( ) {
    char str[ ] = "abcdeedcba";
    bool res = Palindrome(str, LENGTH);
    std:: cout << res << std:: endl;
    return 0;
}
```

表 3-1

LENGTH	str	res
9	"abcdeecba"	0
9	"abcdedcba"	1
10	"abcdefdcba"	0

3.2 十六进制转十进制

有一个十六进制的字符串,请输出该十六进制对应的十进制数。

分析:十六进制对应的字母为 0~9,A、B、C、D、E、F。F 相当于 15,A 相当于 10。如果一个十六进制字符串 AE8,那么转换成 10 进制等于下面的值。$AE8 = 10 \times 16^2 + 14 \times 16^1 + 8 \times 16^0 = 2792$

所以可以将一个十六进制的字符串中的每一个字符,先转化为对应的整数,存放到一个数组中,然后在进行转换。算法唯一要注意的是字母先要跟小写的 a 比较,其次再跟大写的 A 比较,最后再和数字比较,程序如下。

```
int HexToDec(char hex[ ], int len) {
    int tmp = 0;
    int * dec = new int[len];
    for(int i = 0; i < len; i++) {
        if(hex[i] >= 'a')
            dec[i] = hex[i] - 'a' + 10;
        else if(hex[i] >= 'A')
            dec[i] = hex[i] - 'A' + 10;
        else if(hex[i] >= '0')
            dec[i] = hex[i] - '0';
    }
```

```
    for( int i=len-1; i>=0; i--)
        tmp+=dec[i] * pow(16, len-i-1);
    delete []dec;
    return tmp;
}
```

主程序如下，程序运行输出 41194，其他测试数据和结果见表 3-2。

```
const int LENGTH=4;
int main( ) {
    char hex[ ] = {'A','0','e','a'};
    long val=HexToDec( hex, LENGTH);
    std::cout << val << std::endl;
    return 0;
}
```

表 3-2

hex 数组	val
{'0','0','0','a'}	10
{'0','0','A','a'}	170
{'F','F','F','F'}	65535

3.3 最小字符串

给定一个字符串 s，最多只能进行一次变换，返回变换后能得到最小字符串(按照字典序进行比较)。

分析：字典顺序最小，那么第一个字母应该最小，但是如果第一个字母已经是最小字母，那么就应该考虑第二个字母，例如""acb"，依次类推，最坏的情况下字符串本身已经是最小字符串，例如"abcdef"。所以最简单的方法，以第一个字母为基准作为最小的字母，余下的字母反复和最小字母比较，如果最终最小字母不等于第一个字母，那么直接和第一个字母交换，否则对第二个字母重复上述的过程，程序基本和选择排序类似，算法演示如下，其中虚线箭头代表遍历的过程。

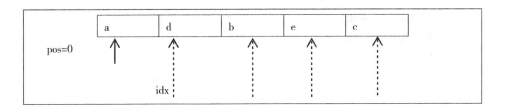

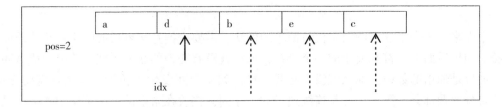

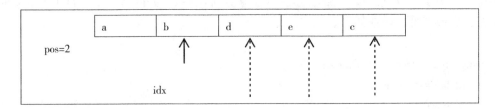

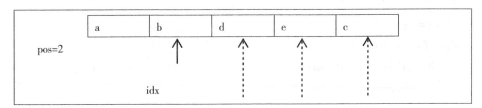

交换 b 和 d

程序如下。

```
string SmallestSwap1(string str) {
    int len=str. length();
    int pos=0;
    char ch;
    for (int i=0; i < len - 1; i++) {
        pos=i;
        for (int j=i + 1; j < len; j++)
            if (str[j] < str[pos])
                pos=j;
        if (pos ! =i) {
            ch=str[i];
```

```
                    str[i] = str[pos];
                    str[pos] = ch;
                    return str;
            }
        }
        return str;
    }
```

下面来分析一下这道题目有没有简单的做法，需要交换意味着后面的字符小于前面的字符。如果后面的字符都大于前一个字符，那么就没有交换的必要。把字符串看成 ASICII 码，如果是递增的数组，那么就没有必要交换，如果中间发生了转折，那么就需要交换。将字符分成两部分，第一部分是连续递增的子序列，接着在余下的子字符串中找一个最小的字符串，确定其位置假设为 pos，然后从 0 遍历到 pos-1，判断哪一个字符小于 pos 对应的字符，交换即可，函数如下。

```
string SmallestSwap2(string str) {
    int len = str.length();
    int pos;
    char ch;
    int idx = 1;
    while (idx < len) {
        if (str[idx] >= str[idx - 1])
            idx++;
        else
            break;
    }
    if (idx < len) {
        pos = idx;
        for (int i = idx + 1; i < len; i++) {
            if (str[i] < str[pos])
                pos = i;
        }
        for (int i = 0; i <= pos - 1; i++)
            if (str[i] > str[pos]) {
                ch = str[i];
                str[i] = str[pos];
                str[pos] = ch;
    break;
```

```
            }
        }
        return str;
    }
```

主程序如下，程序输出 dgfuijte 和 dgfuijte，表明这两个算法的结果是一致的。其他测试数据和结果见表 3-3。

```
int main( ) {
    string str = "jgfuidte";
    string str1 = SmallestSwap1( str);
    string str2 = SmallestSwap2( str);;
    std:: cout <<str1   << std:: endl;
    std:: cout <<str2 << std:: endl;
    return 0;
}
```

表 3-3

str	str1	str2
abcdef	abcdef	abcdef
bacdef	abcdef	abcdef
gsyhgdd	dsyhggd	dsyhggd

3.4 替换字符

给定一个字符串 str，请将字符串中字符 ch1 替换为字符 ch2。

分析：替换单个字符比较容易，遍历整个字符串，如果 str[i]等于 ch1，那么将 str[i]赋值为 ch2，函数如下。

```
void ReplaceChar( char str[ ], char ch1, char ch2) {
    int length = strlen( str);
    for ( int i = 0; i < length; i++)
        if ( str[ i] == ch1) {
            str[ i] = ch2;
        }
}
```

主程序如下，程序输出 **aBaBaBaBaBc**，其他测试数据和结果见表 3-4。

```
int main( ) {
    char str[ ] = " ababababc" ;
    char ch1 = 'b', ch2 = 'B';
    ReplaceChar( str, ch1, ch2);
    std∷cout << str << std∷endl;
    return 0;
}
```

表 3-4

str	Ch1	Ch2	str
ababababc	c	A	ababababA
aaaaaaaaa	a	A	AAAAAAAAA
aaaaaaaaa	c	A	aaaaaaaaa

3.5 查找字符串

给定一个字符串 str，请在字符串 str 中匹配字符子串 subs，如果有多个，返回第一个子串的起始位置，否则返回-1。

分析：匹配字符串，首先要在 str 找到一个字符 str[i]和 subs[0]相等，接着继续判断余下的字符是否相等，如果完全相等则返回，否则移到 str[i+1]继续判断，函数如下，这里采用的算法是没有经过优化的，因为本书的目的重在熟练掌握 C 语言编程。

```
int Find( char str[ ], char subs[ ]) {
    int len1 = strlen( str);
    int len2 = strlen( subs);
    bool match;
    for( int i = 0; i <= len1−len2; i++) {
        //与 subs 的第一个字符相等
        if( str[i] = = subs[0]) {
            match = true;
            //判断后面的字符是否相等
            for( int j = 1; j<len2; j++) {
                if( subs[j]! = str[i+j]) {
```

```
                    match = false;
                    break;
                }
            }
            //设置一个布尔变量，判断内层 for 循环结束的原因
            if( match )
                return i;
        }
    }
    //没有找到
    return -1;
}
```

主程序如下，程序运行结果输出为 0，即第一个字符开始就匹配成功。结果见表 3-5。

```
int main( ) {
    char str[ ] = "abaaaaaaa";
    char subs[ ] = "ab";
    int pos = Find( str, subs);
    std:: cout << pos << std:: endl;
    return 0;
}
```

表 3-5

str	subs	pos
abaaaaaaa	ba	1
abcd	abcd	0
abcd	abcdw	−1
abcd	d	3

3.6 替换字符串 1

给定一个字符串 str，请将字符串 str 中字符子串 subs1 替换为字符子串 subs，假设字符串 subs1 和 subs2 的长度一样。

分析：subs1 和 subs2 长度一样，所以在替换时恰好，不会在原字符串中空出多余的部分。由于是替换字符串，首先要在 str 中找到 subs1 字符子串，然后再进行替换，因此

该题目是查找字符串和替换字符的结合，函数如下。

```
void Replace1(char str[ ] , char subs1[ ] , char subs2[ ] ) {
    bool match; //设置一个布尔变量，判断内层 for 循环结束的原因
    int i=0;
    int len=strlen(str);
    int len1=strlen(subs1);
    int len2=strlen(subs2);

    while(i<=len-len1) {
        //与 subs 的第一个字符相等
        if (str[i]==subs1[0]) {
            match=true;
            //判断后面的字符是否相等
            for (int j=1; j < len1; j++) {
                if (subs1[j] ! =str[i + j]) {
                    //有一个字符没有匹配
                    match=false;
                    i++;
                    break;
                }
            }
            //全部匹配
            if (match) {
                for (int j=0; j < len1; j++)
                    str[i + j]=subs2[j];
                i +=len1;
            }
        } else
            i++;
    }
}
```

主程序如下，程序运行输出 ABcedfgAB，固定 str 的值，修改 subs1 和 subs2 的值，相应的测试数据和结果见表 3-6。

```
int main( ) {
    char str[ ]=" abcedfgab" ;
```

```
char subs1[ ] = " ab" ;
char subs2[ ] = " AB" ;
Replace1( str, subs1, subs2) ;
std:: cout << str << std:: endl;
return 0;
}
```

表 3-6

subs1	subs2	str
abcedfgab	AAAAAAAAA	AAAAAAAAA
abc	AAA	AAAedfgab
bd	AA	abcedfgab
a	A	AbcedfgAb

3.7 替换字符串 2

给定一个字符串 str，请将字符串 str 中字符子串 subs1 替换为字符子串 subs，假设字符串 subs1 的长度大于 subs2 的长度。

分析：在前一道题目的基础上，subs1 和 subs2 长度不一样，所以在替换时原字符串中空出多余的部分，显然需要将后面的字符串前移。首先要在 str 中找到 subs1 字符子串，然后再进行替换，因此该题目是查找字符串、替换字符、移动字符串三个步骤，只需要在前面一道题目的基础上加上移动字符串的代码就可以得到，函数如下。

```
void Replace2( char str[ ], char subs1[ ] , char subs2[ ]) {
    bool match; //设置一个布尔变量，判断内层 for 循环结束的原因
    int i = 0;
    int len = strlen( str) ;
    int len1 = strlen( subs1) ;
    int len2 = strlen( subs2) ;
    while( i <= len-len1) {
        //与 subs 的第一个字符相等
        if( str[ i] == subs1[ 0] ) {
            match = true;
            //判断后面的字符是否相等
            for( int j = 1; j<len1; j++) {
                if( subs1[ j] ! = str[ i+j] ) {
```

```
                    match = false;
                    i++;
                    break;
                }
            }
        if( match ) {
            //赋值新字符
            for( int j=0; j<len2; j++)
                str[ i+j ] = subs2[ j ];
            //向前移动字符串，包含字符串结束标记 \ 0
            for( int j=i+len1; j<=len; j++)
                str[ j-len1+len2 ] = str[ j ];
            //字符串长度设置新值
            len = len-len1+len2;
            i+=len2;
        }
        else
            i++;
    }
}
```

主程序如下，程序运行输出 AcedfgA，固定 str 的值，修改 subs1 和 subs2 的值，相应的测试数据和结果见表 3-7。

```
int main( ) {
    char str[ ] = " abcedfgab";
    char subs1[ ] = " ab";
    char subs2[ ] = " A";
    Replace2( str, subs1, subs2);
    std::cout << str << std::endl;
    return 0;
}
```

表 3-7

subs1	subs2	str
abcedfgab	AA	AA

subs1	subs2	str
abc	AA	AAedfgab
bd	A	abcedfgab
a	空	bcedfgb
abcedfgabd	AA	abcedfgab

3.8 替换字符串 3

给定一个字符串 str，请将字符串 str 中字符子串 subs1 替换为字符子串 subs，假设字符串 subs1 的长度小于 subs2 的长度。

分析：在前一道题目的基础上，subs1 和 subs2 长度不一样，所以在替换时原字符串中需要增加新的部分，显然需要将字符串向后移动。首先要在 str 中找到 subs1 字符子串，然后移动字符串，最后再进行替换，因此该题目是查找字符串、移动字符串、替换字符三个步骤，只需要在前面一道题目的基础上加上向后移动字符串的代码就可以得到，函数如下。

```
void Replace3(char str[], char subs1[], char subs2[]) {
    bool match; //设置一个布尔变量，判断内层 for 循环结束的原因
    int i = 0;
    int len = strlen(str);
    int len1 = strlen(subs1);
    int len2 = strlen(subs2);
    while(i <= len-len1) {
        //与 subs 的第一个字符相等
        if(str[i] == subs1[0]) {
            match = true;
            //判断后面的字符是否相等
            for(int j = 1; j < len1; j++) {
                if(subs1[j] != str[i+j]) {
                    match = false;
                    i++;
                    break;
                }
            }
            if(match) {
```

```
                    //向后移动字符串,包括字符串结束标记\0
                    for(int j=len; j>=i+len1; j--)
                        str[j-len1+len2]=str[j];

                    for(int j=0; j<len2; j++)
                        str[i+j]=subs2[j];

                    //字符串长度设置新值
                    len=len-len1+len2;
                    i+=len2;
                }
            }
            else
                i++;
        }
    }
```

主程序如下,程序运行输出 ABBcedfgABb,固定 str 的值,修改 subs1 和 subs2 的值,相应的测试数据和结果见表 3-8。

```
int main() {
    char str[]="abcedfgab";
    char subs1[]="a";
    char subs2[]="AB";
    Replace3(str, subs1, subs2);
    std::cout << str << std::endl;
    return 0;
}
```

表 3-8

subs1	subs2	str
ab	ABC	ABCcedfgABC
abcedfgab	ABCDEFGHIJK	ABCDEFGHIJK
abc	ABCD	ABCDedfgab
a	AB	ABBcedfgABb
abcedfgabd	ABCDEFGHIJKL	abcedfgab

3.9　替换字符串 4

给定一个字符串 str，请将字符串 str 中字符子串 subs1 替换为字符子串 subs2。

分析：这道题目是前面三道题目的综合，显然需要根据 subs1 和 subs2 的长度大小关系，决定调用哪一个函数，函数如下。

```
void Replace(char str[], char subs1[], char subs2[]){
    if(strlen(subs1)==strlen(subs2))
        Replace1(str, subs1, subs2);
    else if(strlen(subs1)>strlen(subs2))
        Replace2(str, subs1, subs2);
    else
        Replace3(str, subs1, subs2);
}
```

3.10　字符消消乐 1

给定一个字符串 str，请将字符串 str 中字符子串 subs1 替换为字符子串 subs，对于替换后的字符，如果还有满足替换的，一直替换，直到不能替换为止。假设字符串 subs1 的长度大于 subs2 的长度。例如字符串"abbbbb"，将"ab"替换"a"，可以发现，"abbbbb"第一次替换变成"abbbb"，接着又可以替换变成"abbb"，最终变为"a"。

分析：这道题目和前面替换不同之处在于可以反复替换，因此对于每一次替换后，生成的新字符串，均需要重头开始遍历，寻找是否可以被替换的。对 Replace2 函数稍作修改，增加了一个布尔变量 find，用来标识在一次遍历的过程中有没有字符串被替换，如果没有，那么就不需要进入下一轮循环，新函数取名 Replace4。函数 FinalReplace 调用 Replace4，只有一行代码。

程序如下。

```
bool Replace4(char str[], char subs1[], char subs2[]){
    bool replace=false;
    bool match;  //设置一个布尔变量，判断内层 for 循环结束的原因
    int i=0;
    int len=strlen(str);
    int len1=strlen(subs1);
    int len2=strlen(subs2);
    while(i<=len-len1){
        //与 subs 的第一个字符相等
```

```
            if(str[i]==subs1[0]){
                match=true;
                //判断后面的字符是否相等
                for(int j=1; j<len1; j++){
                    if(subs1[j]!=str[i+j]){
                        match=false;
                        i++;
                        break;
                    }
                }
                if(match){
                    replace=true;
                    //赋值新字符
                    for(int j=0; j<len2; j++)
                        str[i+j]=subs2[j];
                    //向前移动字符串，包含字符串结束标记\0
                    for(int j=i+len1; j<=len; j++)
                        str[j-len1+len2]=str[j];
                    //字符串长度设置新值
                    len=len-len1+len2;
                    i+=len2;
                }
            }
            else
                i++;
        }
        return replace;
    }

void FinalReplace(char str[], char subs1[] , char subs2[])
{
    while(Replace4(str, subs1, subs2));
}
```

主程序如下，程序运行输出 a，修改 str，subs1 和 subs2 的值，相应的测试数据和结果见表 3-9。

```
1int main() {
```

```
char str[ ] = "abbbbbbb";
char subs1[ ] = "ab";
char subs2[ ] = "a";
FinalReplace(str, subs1, subs2);
std:: cout << str << std:: endl;
return 0;
}
```

表 3-9

str	subs1	subs2	str
bbbbbc	bc	c	c
abcabcabc	abc	c	ccc

在 C++或者 Java 中均提供了字符串类，可以方便地实现各种操作，这几个例子的目的主要是锻炼 C/C++语言的编程能力、各种边界条件的判断、情况的判断。

3.11　字符串消消乐

给定一个字符串，如果字符串连续有 K 个字符相同，那么就将这 K 个字符全部删除，删除后的字符重复上述操作，输出最后的字符串。

分析：删除 K 个连续相同的字符，第一步需要找到 K 个连续相同的字符。假设从位置 pos 开始，采用循环可以判断。如果从 pos 开始有 K 个连续的字符相等，那么将这 K 个字符删除，得到新的字符串，需要从第一个字符开始判断有没有连续的 K 个字符相等。例如 $K=3$，对于字符串 abbbaa，删除 b 后得到 aaa，依然可以删除，最后的字符串是空串。函数如下。

```
bool FindKSame(string str, int pos) {
    for (int i=0; i < K - 1; i++)
        if (str[i + pos] ! = str[i + 1 + pos])
            return false;
    return true;
}
```

主程序如下，主程序中对删除 K 个字符后新的字符串需要做出三种判断，第一个是长度大于等于 K 的，可以进入下一轮循环，如果小于 K，直接退出，如果是空字符串也推出，最后两行代码是当没有一个连续的 K 个字符输出原字符串，对应于最后一个测试数据。程序输出 str is empty。修改 str 和 K 值，测试数据和结果如表。

```
int main( ) {
    string str = "abbbbaa";
    bool find = true;
    while (find) {
        for (int i = 0; i <= str.length( ) - K; i++) {
            find = FindKSame(str, i);
            if (find) {
                str = str.substr(0, i) + str.substr(i + K, str.length( ) - i - K);
                if (str.length( ) >= K)
                    break;
                else if (str.empty( )) {
                    std::cout << "str is empty" << std::endl;
                    return 0;
                } else {
                    std::cout << str << std::endl;
                    return 0;
                }
            }
        }
    }
    std::cout << str << std::endl;
    return 0;
}
```

表 3-10

str	K	输出
abbbbaa	3	abaa
abbbbaa	2	a
abbbbaa	1	str is empty
abbbbaa	4	aaa
abbbbaa	5	abbbbaa

3.12 最长公共前缀

假设有一个字符串数组 str[N]，共有 N 个字符串，找出这些字符串中最长的公共前缀，如果没有返回空字符串。例如三个字符串"common"，"company"以及"color"，最长的公共前缀是"co"，而"common"和"define"则没有公共前缀。

　　分析：找所有字符的公共前缀，首先找两个字符串的公共前缀，再把这个公共前缀和其余的字符串进行比较，找公共前缀，不断地迭代，直到所有的字符串都比较了一次。则需要遍历一次字符串数组就可以，函数如下，该算法中把 str[0] 看成已知的最长公共前缀，然后和下一个字符串计算最长公共前缀，不停地迭代变量 ans，最后返回 ans 的值，如果没有最长公共前缀，ans 的长度为 0，该算法中用了 string 类，以及其常用的函数 length 和 substr。

　　程序如下。

```
string LongestCommonPrefix1(string str[], int len) {
    int minLen;
    string ans;
    ans = str[0];
    bool mid_break;
    for (int i = 1; i < len; i++) {
        minLen = std:: min(ans. length(), str[i]. length());
        mid_break = false;
        for (int j = 0; j < minLen; j++)
            if (ans[j] ! = str[i][j]) {
                if (j == 0) {
                    ans. clear();
                    return ans;
                } else {
                    ans = ans. substr(0, j);
                    mid_break = true;
                    break;
                }
            }
        if(! mid_break)
            ans = ans. substr(0, minLen);
    }
    return ans;
}
```

　　这道题目还有另外一种解法，假设所有字符串的第一个字符相同，那么统计该字符出现的频率应该等于字符串的个数。依次取每一个字符串的第 i 个字符，如果该字符的频率等于 len 的整数倍，那么该字符是公共前缀的一部分，否则就退出，算法示意如下：

字符串 1	h	h	e	f	c	d	\0
字符串 2	h	h	e	g	c	e	\0
字符串 3	h	h	e	c	\0		

字符	c	d	e	f	g	h
频率	0	0	0	0	0	0

字符串 1	h	h	e	f	c	d	\0
字符串 2	h	h	e	g	c	e	\0
字符串 3	h	h	e	c	\0		

prefix= "h"

字符	c	d	e	f	g	h
频率	0	0	0	0	0	3

字符串 1	h	h	e	f	c	d	\0
字符串 2	h	h	e	g	c	e	\0
字符串 3	h	h	e	c	\0		

prefix= "hh"

字符	c	d	e	f	g	h
频率	0	0	0	0	0	6

字符串 1	h	h	e	f	c	d	\0
字符串 2	h	h	e	g	c	e	\0
字符串 3	h	h	e	c	\0		

prefix= "hhe"

字符	c	d	e	f	g	h
频率	0	0	3	0	0	6

字符串1	h	h	e	f	c	d	\0
字符串2	h	h	e	g	c	e	\0
字符串3	h	h	e	c	\0		

↑

prefix="hhe"

字符	c	d	e	f	g	h
频率	1	0	3	1	1	6

该算法还是借助于字符只有 128 个，定义了一个长度等于 128 的数组，利用字符的 ASCII 码快速访问数组的技巧。该算法核心是倒排表算法，只不过倒排表一般是词和文档的对应关系，函数如下。

```
string LongestCommonPrefix2( string str[ ], int len) {
    int freq[128];
    string prefix;
    prefix. clear( );
    for ( int i=0; i < 128; i++)
        freq[i] = 0;

    for ( int i=0; i < str[0]. length( ); i++) {
        for ( int j=0; j < len; j++) {
            //防止越界
            if ( str[j]. length( ) < i)
                return prefix;
            else
                freq[str[j][i]]++;
        }

        if ( freq[str[0][i]] % len == 0)
            prefix = str[0]. substr(0, i + 1);
        else
            break;
    }
    return prefix;
}
```

主程序如下，程序运行结果输出 hh，修改 str 的值，得到其他测试数据，相应的测试结果如表 3-11 所示。

```
int main( ) {
    string str[ ] = {"hhee" , "hhe" , "hh"} ;
    string prefix1 = LongestCommonPrefix1(str , 3) ;
    string prefix2 = LongestCommonPrefix2(str , 3) ;
    std : : cout << prefix1 << " " << prefix2 << std : : endl ;
    return 0 ;
}
```

表 3-11

str	prefix1	prefix2
{"hhee" , "hheee" , "hheee"}	hhee	hhee
{"hchee" , "hheee" , "hheee"}	空	空
{"hchee" , "hheee" , "hheee"}	h	h

3.13　第一个唯一字符

给定一个字符串 str，找到该字符串中第一个出现的频率等于 1 的字符。

分析：第一个出现，那么在遍历字符时需要记录下每一个字符的位置，其次频率等于 1，同样需要在遍历时记录每一个字符出现的次数。所以可以一个结构体，存储这两个属性值。由于是字符串，所以第一种简单的方法是定义一个长度 128 的数组，字母的 ASCII 码值对应于数组的下标，函数如下。

```
using namespace std ;
typedef struct {
    int pos ;
    int freq ;
} Attribute ;

int FirstUniqueChar1(char str[ ]) {
    int pos = strlen(str) ;
    Attribute elt[128] ;
    for(int i = 0 ; i < 128 ; i++) {
```

```
            elt[i].pos=-1;
            elt[i].freq=0;
    }

    for (int i=0; i < strlen(str); i++) {
        elt[str[i]].freq++;
        elt[str[i]].pos=i;
    }

    for (int i=0; i<128; i++) {
        if (elt[i].freq==1)
            pos=std::min(pos, elt[i].pos);
    }

    if (pos < strlen(str))
        return pos;
    else
        return -1;
}
```

采用固定长度数组正好利用了下标等于 ASCII 码，这道题目也可以利用 map 结构来解决，函数如下。

```
int FirstUniqueChar2(char str[]) {
    int pos;
    Attribute *pAtt;
    map<char, Attribute *> elt;
    map<char, Attribute *>::iterator itr;
    pos=strlen(str);
    for (int i=0; i < strlen(str); i++) {
        itr=elt.find(str[i]);
        if (itr==elt.end()) {
            pAtt=new Attribute();
            pAtt->freq=1;
            pAtt->pos=i;
        } else {
            elt.erase(str[i]);
            pAtt=itr->second;
```

```
            pAtt->freq++;
        }
        elt. insert(pair<char, Attribute * >(str[i], pAtt));
    }

    for (itr=elt. begin(); itr ! =elt. end(); itr++) {
        pAtt=itr->second;
        if (pAtt->freq = = 1)
            pos=std:: min(pos, pAtt->pos);

    }
    if (pos < strlen(str))
        return pos;
    else
        return -1;
}
```

如果对字符的位置加以巧妙利用，那么可以省去结构体的定义，一个字符如果在字符串中唯一出现，那么位置肯定是固定的，如果出现多次，那么位置是不固定的，可以定义一个常量 UNCERTAIN，值等于-1，字符第一次出现时直接赋值等于具体位置，如果再次出现，那么赋值等于 EXIST(值等于-2)，最后再找到第一个出现的唯一字符。这里给每一个字符描述一个状态，程序就是判断字符处于哪一种状态，并实现状态之间的转换，函数可以简化成如下。

```
const int UNCERTAIN=-1;
const int EXIST=-2;

int FirstUniqueChar3(char str[]) {
    int pos=strlen(str);
    int elt[128];

    for (int i=0; i < 128; i++) {
        elt[i]=UNCERTAIN;
    }

    for (int i=0; i < strlen(str); i++) {
        if (elt[str[i]] ! =EXIST) {
```

```
                    if (elt[str[i]] = = UNCERTAIN)
                        elt[str[i]] = i;
                    else
                        elt[str[i]] = EXIST;
                }
        }


        for (int i = 0; i < 128; i++) {
            if (elt[i] > UNCERTAIN)
                pos = std:: min(pos, elt[i]);
        }


        if (pos < strlen(str))
            return pos;
        else
            return -1;
}



const int UNCERTAIN = -1;
const int EXIST = -2;


int FirstUniqueChar4(char str[]) {
    int pos;
    map<char, int> elt;
    map<char,    int>:: iterator itr;
    pos = strlen(str);
    for (int i = 0; i < strlen(str); i++) {
        itr = elt.find(str[i]);
        if (itr = = elt.end()) {
            elt.insert(pair<char, int >(str[i], i));
        } else {
            elt.erase(str[i]);
            elt.insert(pair<char, int >(str[i], EXIST));
        }
    }
```

```
for (itr=elt. begin( ); itr ！ =elt. end( ); itr++) {
    if( itr->second>UNCERTAIN)
        pos=std:: min(pos, itr->second);
}
if (pos < strlen(str))
    return pos;
else
    return −1;
}
```

主程序如下，程序运行输出 1 1 1 1，修改 str 的值，测试数据和测试结果如表 3-12 所示。

```
int main( ) {
    char str[ ] = "abcacef";
    int pos1 = FirstUniqueChar1(str);
    int pos2 = FirstUniqueChar2(str);
    int pos3 = FirstUniqueChar3(str);
    int pos4 = FirstUniqueChar4(str);
    std:: cout << pos1 << " " << pos2 << " " << pos3 << " "<<pos4;
    return 0;
}
```

表 3-12

str	pos1	pos2	pos3	pos4
abcdabcde	8	8	8	8
abcdeabcd	4	4	4	4
eabcdeabcd	−1	−1	−1	−1

3.14　大正整数相加

给定两个字符串，代表两个正整数，请计算两个正整数的和，并用字符串的形式输出。

分析：这道题目用字符串模拟两个大的正整数相加，两个数相加首先从最低位开始，如果相加的结果大于 10 还要向高位进一位。第二要判断两个字符串是不是长度不相等，如果长度不相等，那么长出的那一部分需要单独处理，算法演示如下：

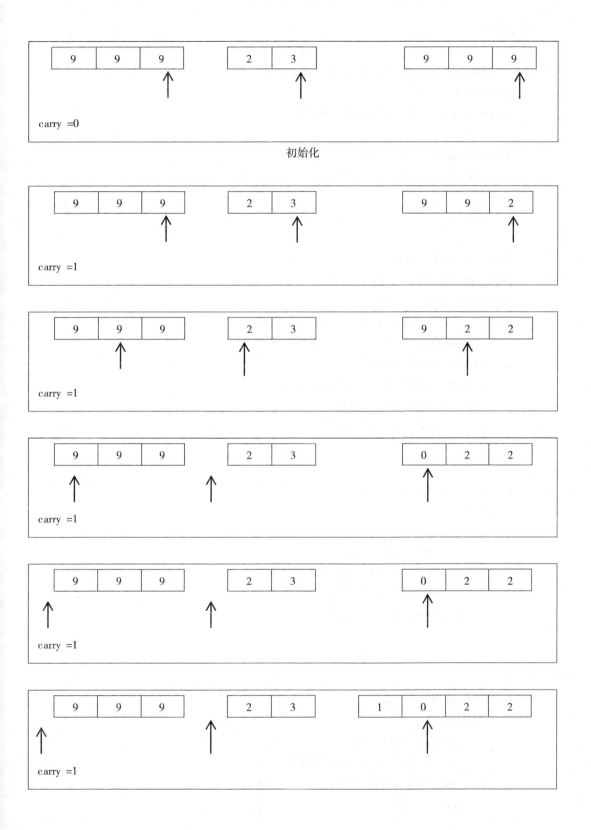

初始化

程序如下。

```
string AddTwoBigInteger1(string str1, string str2) {
    string ans;
    int pos1, pos2, v1, v2, carry=0, idx ;

    if(str1.length()>str2.length())
        ans=str1;
    else
        ans=str2;

    idx=ans.length()-1;
    pos1=str1.length()-1;
    pos2=str2.length()-1;
    while((pos1>=0)&&(pos2>=0)) {
        v1=str1[pos1]-'0';
        v2=str2[pos2]-'0';
        ans[idx]=(v1+v2+carry)%10+'0';
        carry=(v1+v2+carry)/10;
        idx--, pos1--, pos2--;

    }

    if(pos1<0) {
        while(pos2>=0) {
            v2=str2[pos2]-'0';
            ans[idx]=(v2+carry)%10+'0';
            carry=(v2+carry)/10;
            pos2--, idx--;
        }

    }
    else if(pos2<0) {
        while(pos1>=0) {
            v1=str1[pos1]-'0';
            ans[idx]=(v1+carry)%10+'0';
            carry=(v1+carry)/10;
            pos1--, idx--;
```

```
        }
    }
    if( carry)
        ans. insert(0, 1,'1');


    return ans;
}
```

可以发现该流程和归并排序 4.10 类似，所以程序结构也类似。如果对归并排序非常熟练，那么程序可以简化成如下的结构。

```
string AddTwoBigInteger2( string str1, string str2) {
    string ans;
    int v1, v2, carry=0;
    int i=str1. length() - 1, j=str2. length() - 1;
    if( i>j)
        ans=str1;
    else
        ans=str2;


    int idx=ans. length() - 1;
    while (i >=0 || j >=0) {
        if (i < 0) {
            v2=str2[j--]-'0';
            v1=0;
        } else if (j < 0) {
            v1=str1[i--]-'0';
            v2=0;
        } else {
            v1=str1[i--]-'0';
            v2=str2[j--]-'0';
        }
        ans[idx--] = (v1+v2+carry)%10+'0';
        carry = (v1+v2+carry)/10;
    }
    if( carry)
        ans. insert(0, 1,'1');
```

```
        return ans;
    }
```

这道题目的难点就是两个整数对应的字符串长度不一样，如果一样，那就不需要做各种判断，因此可以在短字符串前面增加若干个零，使得字符串长度相等，这样算法更简单。最后当最高位相加时，还要判断是否有进位，如果有进位，则还要在结果字符串的最前面增加'1'，具体的算法如下。

```cpp
#include<string>

using namespace std;

string AddTwoBigInteger3(string str1, string str2) {
    string ans;
    int v1, v2, carry=0;

    if(str1.length()>str2.length())
        str2.insert(0, str1.length()-str2.length(),'0');
    else
        str1.insert(0, str2.length()-str1.length(),'0');

    ans=str1;

    for (int i=ans.length()-1; i>=0; i--) {
        v1=str1[i]-'0';
        v2=str2[i]-'0';
        ans[i]=(v1+v2+carry)%10+'0';
        carry=(v1+v2+carry)/10;
    }
    if(carry)
        ans.insert(0, 1,'1');

    return ans;
}
```

主程序如下，程序运行输出 1087 1087 1087，修改 a 和 b 的值，测试数据和测试结果如表 3-13 所示。

```
int main ( ) {
    string a = "88";
    string b = "999";
    string str1 = AddTwoBigInteger1 ( a, b );
    string str2 = AddTwoBigInteger2 ( a, b );
    string str3 = AddTwoBigInteger3 ( a, b );
    std:: cout <<str1<<" "<<str2<<" "<<str3<< std:: endl;
    return 0;
}
```

表 3-13

a	b	str1	str2	str3
1111	999	2110	2110	2110
45677	9999999	10045676	10045676	10045676
45677	000	45677	45677	45677

3.15 大正浮点数相加

给定两个字符串，代表两个非常大的正浮点数，请计算两个浮点数的和，并用字符串的形式输出。

分析：浮点数相加首先要找到小数点的位置，两个数在小数点对齐，设第一个浮点数的整数部分长度为 len1，小数部分长度为 flt1，第二个浮点数的整数部分长度为 len2，小数部分长度为 flt，他们之间的长度比较有四种关系，所以直接简单的相加比较复杂，和前一道题类似，可以先将数据进行对齐处理，这样在相加的时候就变得好处理。演示如下：

1	2	3	4	.	5	6	7
9	。	9					

1	2	3	4	.	5	6	7
0	0	0	9	。	9	0	0

1	2	3	4	.	5	6	7
9	1	9	4	8	.	7	

1	2	3	4	.	5	6	7	0
0	0	0	9	。	9	4	8	7

0	1	2	3	4	.	5	6	7
9	1	9	4	8	.	7	0	0

1	2	3	4	.	5	6	7	0
0	0	0	9	.	9	4	8	7

1	2	3	4	.	5	6	7		
9	9	1	1	8	.	7	0	0	1

0	1	2	3	4	.	5	6	7	0
9	9	1	1	8	.	7	0	0	1

程序如下。

```
string AddTwoBigFloat(string str1, string str2) {
    int len1, flt1, idx1;
    int len2, flt2, idx2;
    string ans;
    int v1, v2, carry = 0;
```

```
idx1 = str1. find(".");
idx2 = str2. find(".");


len1 = idx1;
flt1 = str1. length() - (idx1+1);


len2 = idx2;
flt2 = str2. length() - (idx2+1);


if(len1>len2)
    str2. insert(0, len1-len2,'0');
else
    str1. insert(0, len2-len1,'0');


if(flt1>flt2)
    str2. append(flt1-flt2,'0');
else
    str1. append(flt2-flt1,'0');


ans = str1;


for (int i = ans. length() - 1; i >= 0; i--) {
    if(ans[i]! = '.') {
        v1 = str1[i] - '0';
        v2 = str2[i] - '0';
        ans[i] = (v1+v2+carry) % 10 + '0';
        carry = (v1+v2+carry) / 10;
    }
    else
        continue;
}


if(carry == 1)
    ans. insert(0, 1,'1');


return ans;
}
```

主程序如下，程序输出 45679.8899，修改 a 和 b 的值，测试数据和测试结果如表 3-14 所示。

```
int main() {
    string a = "45677.9999";
    string b = "1.89";
    string str = AddTwoBigFloat(a, b);
    std::cout <<str<< std::endl;
    return 0;
}
```

表 3-14

a	b	str
45677.9999	1.10089	45679.10079
45677.9999	989121.1	1034799.0999

第4章 双 指 针

在 C 语言中遍历数组，最常见的是采用下标 i，通常情况下，一般一个数组定义一个下标变量，这个下标变量也可以称为指针。但是在许多场景下，我们需要定义多个下标（指针）来访问数组，对问题进行求解，常见的是双指针。在计算机算法类竞赛中，双指针也是一个比较常见的编程技巧。双指针根据指针移动的方向可以分为两个类型，如果移动方向相反，称为对撞指针。如果两个指针移动方向相同，可以称为快慢指针。

如果是对撞指针，指针的变化过程如下：

左指针（left）一般指向数组的第一个元素。即 left = 0；右指针（right）一般指向数组的最后一个元素。即 right = n-1。指针移动方法是左指针（left）向右边移动，一般每次移动一个位置，即 left++。右指针（right）向左边移动，一般每次移动一个位置，即 right--。结束条件是左指针（left）位置和右指针（right）位置交换。开始的时候，right >= left。因此结束的条件就是 right < left。

4.1 回文数

给定一个整数，请判断该整数是否为回文数。

例如一个整数 43134，从右向左读是 4334，和整数相等，所以 4334 是回文字符串。回文字符第二种情况是字符个数为双数情况，例如 432234，如图 4-1 所示。根据回文数的特点，可以先将该整数利用字符串函数转换为字符串，接着定义两个指针，分别从字符串头尾遍历字符串。函数如下。循环结束的条件是 $i == j$ 或者是 $i > j$。$i == j$ 代表字符串包含奇数个字符，$i > j$ 代表字符串包含偶数个字符。

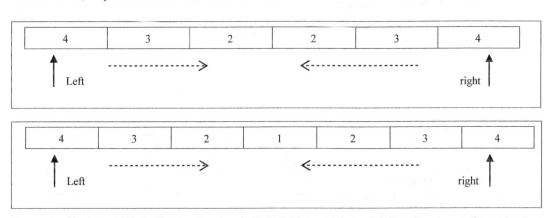

图 4-1

```
#include<string>
using namespace std;
bool PalindromeNumber(int number){
    string str;
    str=to_string(number);
    int i=0, j=str.length() - 1;
    do {
        if (str[i] ! =str[j])
            return false;
        else {
            i++;
            j--;
        }
    } while (i < j);
    return true;
}
```

这种做法借助于字符串一章中判断字符串是否为回文字符串的方法，当然这道题目有更简单的方法，函数如下，该方法的主要思想是从利用余数获得从最低位到最高位的各位数字，然后不断地乘以 10 的倍数，如果结果和原数一样，就是回文数。

主程序如下，程序输出 1, 919 是一个回文数，修改 val 的值，测试数据和结果如表 4-1 所示。

```
int main() {
    int val=919;
    bool res=PalindromeNumber(val);
    std:: cout << res<< std:: endl;
    return 0;
}
```

表 4-1

val	res
99	1
1234321	1
123421	0

4.2　提取整数

输入一串正整数形成的字符串，整数之间用逗号隔开，请把每一个整数按照顺序提取出来。假设字符串长度不超过 1000，最大整数不超过 32765。

例如输入 1, 2, 3, 43, 123, 78。输出 6 个整数。

分析：整数之间用逗号隔开，那么需要两个数组下标指针，第一个指针指向前一个逗号 ' , '，第二个指向下一个逗号。遍历字符串数组，当找到一个整数后，将第二个下标指针赋值给第一个下标指针，第二个下标指针继续后移。以此类推，直到找到所有的整数。函数如下，str 是输入的字符串，nums 数组存放提取后的整数，函数返回总共有多个整数。

```
int ExtractNumber( char str[ ], int nums[ ] ) {
    int i, j;
    i=0, j=0;
    int tmp;
    int len=strlen( str ) ;
    int count=0;  //提取整数的个数
    while ( true ) {
        while ( ( ( str[j] ! = ',' ) && ( j < len ) )
            j++;
        tmp=0;
        //提取整数
        for ( int l=i; l < j; l++ ) {
            tmp=tmp * 10;
            tmp +=str[l] - '0';
        }
        //将提取的整数添加到数组
        nums[ count ]=tmp;
        count++;
        //移动指针
        j++;
        i=j;
        //判断是否可以退出循环
        if ( j > len )
            break;
    }
    return count;
```

}

主程序如下，程序输出 1 2 3 43 123 78，共提取到 6 个整数，修改字符串的值，测试数据和结果如表 4-2 所示。

```
int main( ) {
    char * str="1, 2, 3, 43, 123, 78";
    int nums[100];
    int len=ExtractNumber(str, nums);
    for (int i=0; i < len; i++)
        std:: cout << nums[i] << " ";
    return 0;
}
```

表 4-2

str	输出
123	123
123, 11	123 11

4.3 数组逆序

给定一个整数数组，请将数组元素逆序，不能使用额外的数组。

分析：逆序就是将数组元素从头到尾颠倒位置。例如原数组是"1, 2, 3, 4, 逆序就是 4, 3, 2, 1。题目不能使用额外的数组，那么可以对颠倒的过程进行分析，就可以发现是首尾交换，第二个倒数第二个交换，以此类推。因此可以设置两个指针从数组头和尾开始遍历。交换两个指针所指向的数组元素，示意图如图 4-2 所示。

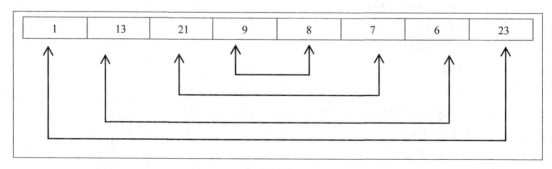

图 4-2

函数如下。

```cpp
void Reverse(int nums[], int len){
    int tmp;
    int left=0, right=len-1;
    while(left<right){
        tmp=nums[right];
        nums[right]=nums[left];
        nums[left]=tmp;
        right--;
        left++;
    }
}
```

主程序如下，程序运行输出 5 4 3 2 1，其他测试数据和结果如表 4-3 所示。

```cpp
const int LENGTH=5;
int main(){
    int   nums[LENGTH]={1, 2, 3, 4, 5};
    Reverse(nums, LENGTH);
    for(int i=0; i<LENGTH; i++)
    std::cout << nums[i] <<" ";
    return 0;
}
```

表 4-3

nums 数组	输出
{1, 2, 3, 4, 5, 6}	6 5 4 3 2 1

与这道题目类似的题目有字符串逆序，前面这两道题目是常规的题目，这儿从双指针的角度来分析问题。这两道题目的指针是同时移动，但是大部分情况下需要根据条件的判断，移动相应的指针。

4.4 数组循环移位

给定一个数组 nums，要求将数组中的元素循环右移 K 个位置。
分析：假设数组是[1, 3, 2, 4]，循环向右移动 2 位。移动一位的结果是[4, 1, 3,

2]，再移动一位的过程结果是[2，4，1，3]，再移动一位的过程结果是[3，2，4，1]，再移动一位的过程结果是[1，3，2，4]。可以发现，对于一个长度为 N 的数组，循环移位 N 次，数组中元素的位置不发生任何变化。如果数组长度等于 7，循环移位 $K=10$，数组相当于向右循环移动 $10\%7=3$ 次，函数如下。

```
void RightShiftK1(int nums[], int len, int K)
{
    int k=K % len;
    int tmp;
    while(k--)
    {
        tmp=nums[len-1];
        for(int i=len-1; i > 0; i--)
        {
            nums[i]=nums[i-1];
        }
        nums[0]=tmp;
    }
}
```

上述函数中显示数组循环移位的每一个过程，在许多的程序设计竞赛中称为模拟。在每一次的循环移位过程中，每一个元素都要挪动位置，循环 k 次，所以总的挪动次数是 $(K\%len)*len$ 次。

模拟方法最好针对结果不是非常明确的问题。本题的结果是非常明确的，例如[1，3，2，4]，向右循环移动两位，结果是[2，4，1，3]。可以发现 4 和 1 交换位置，2 和 3 交换位置，结果是[4，2，3，1]，然后 4 和 2 交换位置，3 和 1 交换位置，[2，4，1，3]。所以一般的将一个数组循环右移 k 位，本质上首先令将前 len-k 位反转，然后 k 位反转，最后将整个数组再反转，可以发现数组交换的个数是 2len，与 K 没有什么关系，算法的效率超过前一个模拟算法。函数如下。

```
void RightShiftK2(int nums[], int len, int K)
{
    int k=K % len;
    int left, right, temp;
    left=0;
    right=len-k-1;
    while(left < right)
    {
```

```
        temp = nums[left];
        nums[left] = nums[right];
        nums[right] = temp;
        left++;
        right--;
    }

    left = len-k;
    right = len-1;
    while(left < right)
    {
        temp = nums[left];
        nums[left] = nums[right];
        nums[right] = temp;
        left++;
        right--;
    }
    left = 0; right = len-1;
    while(left < right)
    {
        temp = nums[left];
        nums[left] = nums[right];
        nums[right] = temp;
        left++;
        right--;
    }
}
```

仔细观察上述代码，可以发现上述代码中 while 循环有多处重复，每一处的含义就是将数组从 left 到 right 中的元素反转位置，因此可以把这段代码抽取出来(重构)成一个函数。如下。

```
void Reverse(int nums[], int right, int left){
    int tmp;
    while(left<right){
        tmp = nums[right];
        nums[right] = nums[left];
```

```
        nums[left]=tmp;
        right--;
        left++;
    }
}
```

这样循环右移位的就变成多次调用 Reverse 函数。通过这个例子，可以体会结构化程序设计的思想。函数如下。

```
void RightShiftK3(int nums[], int len, int K)
{
    int k=K % len;
    Reverse(nums, 0, len-k-1);
    Reverse(nums, len-k, len-1);
    Reverse(nums, 0, len-1);
}
```

主程序如下，程序输出如下图，修改 K 值，测试数据和测试结果如表 4-4 所示。

```
int main() {
    Int K=2;
    int nums1[]={1, 2, 3, 4, 5, 6};
    int nums2[]={1, 2, 3, 4, 5, 6};
    int nums3[]={1, 2, 3, 4, 5, 6};

    RightShiftK1(nums1, 6, K);
    for(int i=0; i<6; i++)
        std:: cout<<nums1[i]<<" ";
    std:: cout<<std:: endl;

    RightShiftK2(nums2, 6, K);
    for(int i=0; i<6; i++)
        std:: cout<<nums2[i]<<" ";
    std:: cout<<std:: endl;

    RightShiftK3(nums3, 6, K);
    for(int i=0; i<6; i++)
```

```
            std∷ cout<<nums3[i]<<" ";
        std∷ cout<<std∷ endl;
        return 0;
    }
```

```
                    5   6   1   2   3   4
                    5   6   1   2   3   4
                    5   6   1   2   3   4
```

表 4-4

K	输出
12	1 2 3 4 5 6
1	6 5 4 3 2 1
1201	6 5 4 3 2 1

4.5 *N* 数之和 1

给定一个有序不重复数组 nums，以及一个值 target，请计算该有序数组中两个数的和等于 target 的对数。

分析：这道题目简单的方法是暴力解法。设变量 count 是存储对数，采用双重循环，如果两个数的和等于 target，那么 count++。函数如下。

```
int Sum2(int nums[], int len, int target) {
    int count=0;
    for (int i=0; i < len − 1; i++)
        for (int j=i + 1; j < len; j++)
            if ((nums[i] + nums[j])= =target)
                count++;
    return count;
}
```

nums 是有序数组，不妨假设是从小到大排列。可以设置两个指针 left 和 right，分别从数组头和尾开始遍历。如果指针指向的两个数的和等于 target，两个指针同时移动，如果大于 target 那么右指针移动，如果两个数的和小于 target 左指针移动，示意流程如下：

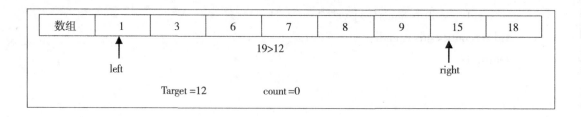

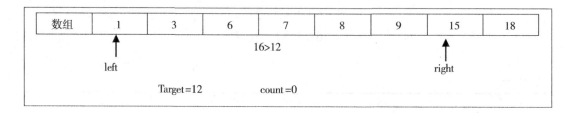

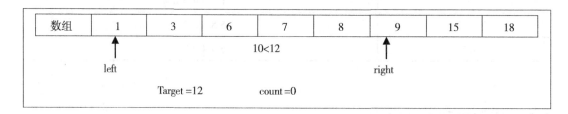

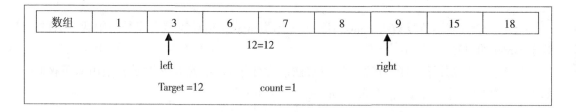

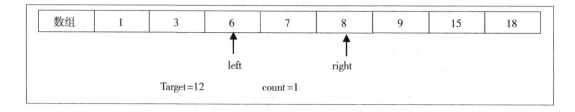

函数如下,其中 target 是目标值,函数返回值是总共有多少对。

```
int Sum2(int nums[], int len, int target) {
    int count=0;
    int left=0, right=len-1;
    while(left<right) {
        if((nums[left] + nums[right])==target)
```

```
        {
            count++;
            left++;
            right--;
        }
        else if((nums[left] + nums[right])>target)
            right--;
        else
            left++;
    }
    return count;
}
```

主程序如下，程序运行输出 2，共有两组值之和等于 38，修改 target 值，测试结果和数据如表 4-5 所示。

```
const int LENGTH = 10;
int main() {
    int target = 38;
    int nums[LENGTH] = {1, 3, 7, 12, 16, 22, 24, 27, 31, 32};
    int count = Sum2(nums, LENGTH, target);
    std::cout << count << std::endl;
    return 0;
}
```

表 4-5

target	count
34	3
25	2
48	1
49	1
50	0

4.6 N 数之和 2

题目：给定一个整数数组 A，以及一个目标值 target，请三个数的和等于 target。（选自选自 leetcode）

分析：这道题目对于初学 C 语言的同学来讲，最简单的方法是暴力解法，采用三重循环。但是能不能有一个比较简单的解法呢，这就要对数据本身做一个分析。首先回顾前一道题目计算两个数的和，在数组有序的情况下，采用双指针。如果两个数的值大于 target，那么说明大的数太大，需要缩小一点。同样把这种思路运用到这道题，对于任意一个数 $A[i]$，那么需要的是找出两个数的和等于 target-a。根据前一道题目，首先对数组从小到大排序，然后对于 $A[i]$，采用前一道题目的策略，找出满足条件的数。暴力解法的是三重循环，算法复杂度是 $O(n^3)$，如果采用双指针，排序需要的时间复杂度是 $O(n^2)$，然后对于每一个数采用双指针遍历复杂度还是 $O(n^2)$，所以总的时间复杂度是 $O(n^2)$。函数如下。

```cpp
int Sum3(int nums[], int len, int target) {
    int count = 0;
    int left, right;
    std::sort(nums, nums + len);
    for (int i = 0; i < len - 2; i++) {
        right = len - 1;
        left = i + 1;
        while (left < right) {
            if ((nums[i] + nums[left] + nums[right]) == target) {
                count++;
                left++;
                right--;
            } else if ((nums[i] + nums[left] + nums[right]) > target)
                right--;
            else
                left++;
        }
    }
    return count;
}
```

主程序如下，程序运行输出 4，共有四组值之和等于 23，修改 target 值，测试结果和数据如表 4-6 所示。

```cpp
const int LENGTH = 10;
int main() {
    int target = 23;
    int nums[LENGTH] = {1, 2, 3, 4, 5, 6, 7, 8, 9, 10};
    int count = Sum3(nums, LENGTH, 23);
```

```
        std∷ cout <<count   << std∷ endl;
        return 0;
}
```

表 4-6

target	count
30	0
24	3
20	8

4.7　最大装水(选自 leetcode)

假设有一串数 $a1$, $a2$, …, ai。每一个数 ai 代表一个坐标(i, ai)，每个点画一条垂直于 X 轴的线段，两条线段和 X 轴构成了一个装水的容器，如图 4-3 所示，请问最大可以装多少水。

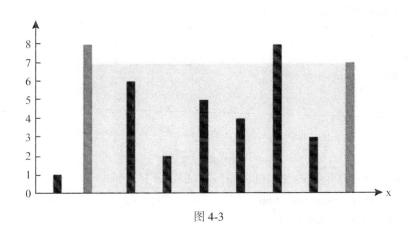

图 4-3

假设这串数为[1, 8, 6, 2, 5, 4, 8, 3, 7]，装多少水不取决于最长的线段，而是取决于最短的线段，这称为木桶效应。

分析：装最多的水，其实就是两个线段形成的矩形面积最大，面积等于$(j-i) * \min(h[i], h[j])$。其中$j-i$是矩形的长，$\min(h[i], h[j])$是矩形的高。因此最简单的办法是两重循环，程序如下。

```
int MaxContainer1(int height[ ], int len){
    int res=0;
    int tmp;
```

```
    for( int i=0; i<len-1; i++)
        for( int j=i+1; j<len; j++) {
            tmp=(j-i) * std:: min(height[i], height[j]);
            res=std:: max(res, tmp);
        }
    return res;
}
```

这是一个双重循环,时间效率不高。进一步分析,如果刚开始选择最外面的两条线段和 X 轴组成一个容器可以得到一个初始值。如果要能够装更多的水,只能重新选择线段。选择的策略是去掉长度小的线段,看看能不能选一个长度更大一点的线段,这样形成的面积才能更大。

从另一个角度来看,我们只需要从数组的两端出发,进行一次遍历即可。遍历的时候进行面积的计算和比较,保留更大的面积。类似于双指针在列表上移动,一次移动一个指针的步骤,但是移动左指针,还是右指针需要考虑。如果左指针指向的线段长度小于右指针指向的线段长度,那么移动左指针,反之则移动右指针,希望找到一个更长的线段,程序如下。

```
int MaxContainer( int height[ ], int len) {
    int res=0;
    int r, l;
    int tmp;
    r=0;
    l=len-1;

    while( r<l) {
        tmp=(l-r) * std:: min(height[r], height[l]);
        res=std:: max(res, tmp);
        if( height[r]>height[l])
            l--;
        else
            r++;
    }
    return res;
}
```

主程序如下,程序运行输出 64 64,修改数组的值,测试数据的结果如表4-7所示。

```
int main( ) {
```

```
int height[LENGTH] = {1, 8, 6, 2, 5, 4, 8, 3, 7, 9};
int vol1 = MaxContainer1(height, LENGTH);
int vol2 = MaxContainer2(height, LENGTH);
std::cout << vol1 <<" "<<vol2<<std::endl;
return 0;
}
```

表 4-7

height 数组	vol1	vol2
{9, 8, 6, 2, 5, 4, 8, 3, 7, 9}	81	81
{10, 8, 6, 2, 5, 4, 8, 3, 7, 9}	81	81
{10, 8, 22, 2, 5, 4, 42, 3, 7, 9}	88	88

前面几道题主要是运用首尾指针(碰撞指针)来解题,下面介绍几道题目利用快慢指针来解题。为了描述方面,我们用快指针和慢指针来描述这种类型下的双指针。

4.8　删除重复元素 1

给定一个整数数组 nums,数组中包含若干个 0,请将 0 移动到数组末尾,不改变其他元素的相对顺序,,并且不能使用额外的数组。

分析:由于不能使用额外的数组,可以将原数组看成两部分,第一部分是不包含 0 的数组,第二部分是包含 0 的部分。遍历数组 nums,如果该元素不为 0,就将该元素移动到第一部分的末尾,所以需要设置两个指针,慢指针指向不包含 0 元素的数组的最后一个位置(此位置可以放入新的不为零的元素),快指针指向包含 0 元素的数组的第一个元素,如果该元素值等于 0,继续后移。算法运行的过程中指针的变化如图所示:

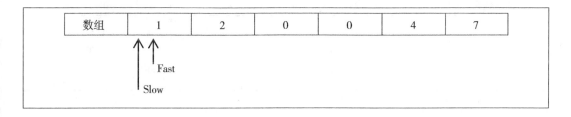

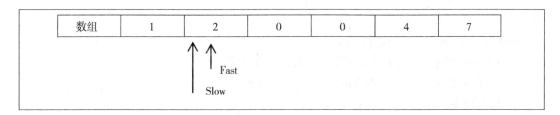

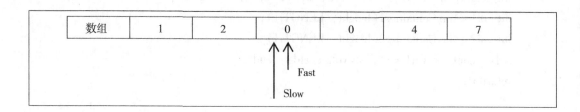

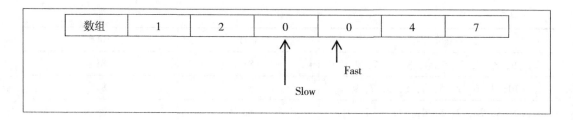

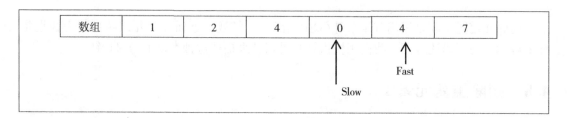

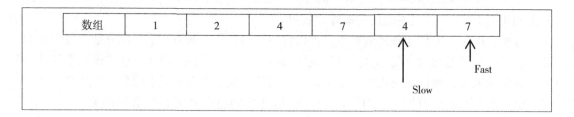

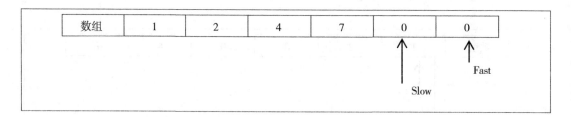

根据上面的算法流程，对应的函数如下。

```
void MoveZeros( int nums[ ], int len) {
    int slow=0;  //指向不为零数组的最后一个位置
    //第一次遍历，将不为0的元素移动到前面
    for( int fast=0; fast< len; fast++) {
```

```
        if( nums[ fast ] ！ =0 ) {
            nums[ slow ] = nums[ fast ] ;
            slow++;
        }
    }
    //第二次遍历，将余下的元素置为 0
    for( int i=slow; i < len; i++ ) {
        nums[ i ] =0;
    }
}
```

主程序如下，程序运算结果输出 1 12 3 3 4 5 6 0 0 0，修改数组的值，测试数据和结果如表 4-8 所示。

```
const int LENGTH = 10;
int main( ) {
    int nums[ LENGTH ] = {1, 0, 12, 3, 0, 0, 3, 4, 5, 6} ;
    MoveZeros( nums, LENGTH ) ;
    for( int i=0; i<LENGTH; i++ )
    std:: cout << nums[ i ] <<" " ;
    return 0;
}
```

表 4-8

nums 数组	输出结果
{1, 2, 12, 3, 0, 0, 3, 4, 5, 6}	1 2 12 3 3 4 5 6 0 0 0
{1, 2, 12, 3, 1, 2, 3, 4, 5, 6}	1 2 12 3 1 2 3 4 5 6
{0, 5, 0, 4, 0, 3, 0, 2, 0, 1}	5 4 3 2 1 0 0 0 0 0

4.9 删除重复元素 2

给定一个有序整数数组 nums，删除数组中重复元素，使得每个元素只出现一次，保留原元素的先后位置顺序。

分析：这个题目和前一道题目类似，这不过这儿相同的元素有很多，本题同样需要设置两个指针，慢指针指向没有重复元素数组的最后一个位置，快指针遍历数组。如果快指针指向的元素和慢指针指向的元素相同，快指针后移，如果不同则把该元素加到慢指针指向的后一个位置，两指针同时后移，算法过程中指针变化如下：

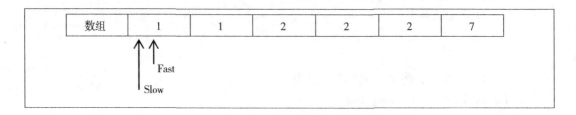

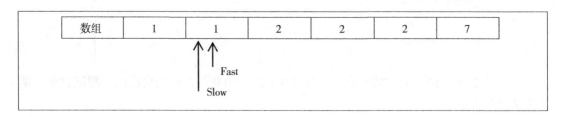

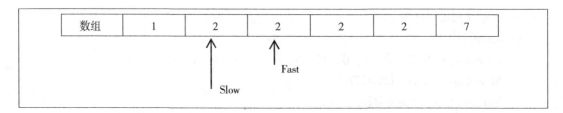

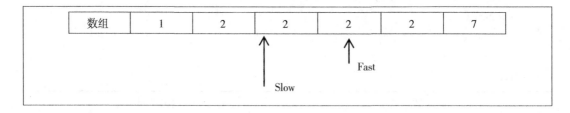

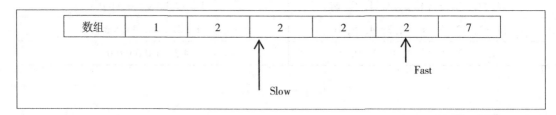

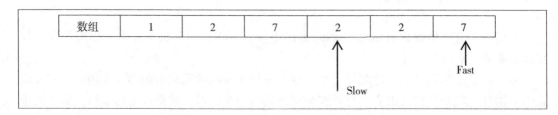

函数如下，函数返回值是代表 nums 数组去重后元素的个数。

```
int RemoveDuplicates(int nums[], int len) {
    int fast = 0, slow = 0;
    while (fast < len) {
        if (nums[fast] ! = nums[fast - 1]) {
            nums[slow] = nums[fast];
            slow++;
        }
        fast++;
    }
    return slow;
}
```

主程序如下，程序输出 1 2 3 7 8 9，修改 nums 数组，测试数据和结果如表4-9所示。

```
const int LENGTH = 10;
int main() {
    int nums[LENGTH] = {1, 2, 2, 3, 3, 3, 7, 8, 9, 9};
    int len = RemoveDuplicates(nums, LENGTH);
    for(int i = 0; i<len; i++)
    std:: cout << nums[i] <<" ";
    return 0;
}
```

表 4-9

nums 数组	输出
{1, 2, 3, 4, 5, 6, 7, 8, 9, 10}	1 2 3 4 5 6 7 8 9 10
{1, 1, 1, 1, 1, 1, 1, 1, 1, 10}	1 10
{1, 1, 1, 1, 1, 1, 1, 1, 1, 1}	1

下面详细分析一下双指针编程技巧的内在本质。例如对于计算最大容积的题目，简单的方法是暴力解法，采用两重循环。采用双指针技巧，则可以使遍历一遍数组就可以得到结果，关键在于，我们分析出指针移动的规律，（许多人把它称之为单调性），利用这种规律就可以降低算法的时间复杂度。

例如计算三个数的和，如果不对数组进行排序，是没有办法确定指针的移动规律的，排序后，就可以确定指针的移动规律。

通过以上几道题目，可以发现，双指针算法一般针对多重循环，如果指针有确定的移动规律，只能是一个方向，那么可以采用双指针技巧，降低时间复杂度；如果没有，那么对数据进行适当的处理后，再去观察适不适合采用双指针方法。

删除重复元素这两道题目，第一道明确告诉重复元素是什么，第二个是有序数组，如果不是有序数组，也没有明确重复元素是什么，那怎么解决，在 7.1 中给出了两个算法，第一个直接在原数组操作，第二个借助于 map 结构进行。

4.10 多重排序

题目：给定一个正整数二维数组 nums[N][2]，其中 nums[i][0]代表了每一个学生的总分，nums[i][1]代表了学生的 C 语言成绩，请将这些成绩先按总分从低到高进行排序，总分相同的，再按照 C 语言成绩从低到高进行排序。

分析：这道题目需要进行两次排序，第一排序是按照总成绩进行排序，和通常的排序一样，这里还是采用最好理解的选择排序。第二趟排序首先要找出总分相同的区间，在每一个区间进行局部的排序，总分相同的区间的发现利用采用双指针的方法找到。

主函数是 MultiSort，首先调用 Sort1 对第一列总分进行排序，利用双指针找到总分相同的区间，然后利用 Sort2 对第二列的区间进行排序，排序是计算机中一个非常重要的算法和思想，在数据结构中会学到各种排序算法。

```c
void Sort1(int nums[][2], int len) {
    int pos;
    int tmp;
    for (int i=0; i < len - 1; i++) {
        pos=i;
        for (int j=i + 1; j < len; j++) {
            if (nums[j][0] < nums[pos][0])
                pos=j;
        }
        if (pos != i) {
            tmp=nums[i][0];
            nums[i][0]=nums[pos][0];
            nums[pos][0]=tmp;

            tmp=nums[i][1];
            nums[i][1]=nums[pos][1];
            nums[pos][1]=tmp;
        }
    }
}
```

```
}

void Sort2(int nums[][2], int start, int end) {
    int pos;
    int tmp;
    for (int i=start; i < end - 1; i++) {
        pos=i;
        for (int j=i + 1; j < end; j++) {
            if (nums[j][1] < nums[pos][1])
                pos=j;
        }
        if (pos ! =i) {
            tmp=nums[i][1];
            nums[i][1]=nums[pos][1];
            nums[pos][1]=tmp;
        }
    }
}


void MultiSort1(int nums[][2], int len) {
    int slow=0, fast=1;
    Sort1(nums, len);
    while (fast < len) {
        while ((nums[fast][0] ==nums[fast - 1][0]) && (fast < len))
            fast++;
        if ((fast - slow) > 1)
            Sort2(nums, slow, fast);
        slow=fast;
        fast++;
    }
}
```

仔细观察上面的两个排序程序，都是对一个数组排序，唯一不同的是对哪一列排序，以及数组的起始位置和终止位置，因此可以把这三个作为参数，排序算法就变成如下的形式，主函数做稍微的修改就可以满足要求。程序如下。

```
void Sort(int nums[][2], int start, int end, int col){
    int pos;
```

```
        int tmp;
        for (int i=start; i < end - 1; i++) {
            pos=i;
            for (int j=i + 1; j < end; j++) {
                if (nums[j][col] < nums[pos][col])
                    pos=j;
            }
            if (pos ! =i) {
                tmp=nums[i][0];
                nums[i][0]=nums[pos][0];
                nums[pos][0]=tmp;

                tmp=nums[i][1];
                nums[i][1]=nums[pos][1];
                nums[pos][1]=tmp;
            }
        }
    }


    void MultiSort2(int nums[ ][2], int len) {
        int slow=0, fast=1;
        Sort(nums, 0, len, 0);
        while (fast < len) {
            while ((nums[fast][0]==nums[fast - 1][0]) && (fast < len))
                fast++;
            if ((fast - slow) > 1)
                Sort(nums, slow, fast, 1);
            slow=fast;
            fast++;
        }
    }
```

主程序如下，程序运行结果如下所示。

```
    int main() {
        int nums1[ ][2]={{170, 68},
                         {170, 67},
                         {140, 68},
```

```
                          {140, 67},
                          {180, 98},
                          {180, 87},
                          {130, 68},
                          {180, 88}};
int nums2[][2] = {{170, 68},
                  {170, 67},
                  {140, 68},
                  {140, 67},
                  {180, 98},
                  {180, 87},
                  {130, 68},
                  {180, 88}};
MultiSort1(nums1, LENGTH);
MultiSort2(nums2, LENGTH);
std::cout << "MultiSort1 " << " MultiSort2" << std::endl;;
for (int i = 0; i < LENGTH; i++) {
    std::cout << nums1[i][0] << " " << nums1[i][1] << "          ";
    std::cout << nums2[i][0] << " " << nums2[i][1] << std::endl;
}
return 0;
}
```

MultiSort1		MultiSort2	
130	68	130	68
140	67	140	67
140	68	140	68
170	67	170	67
170	68	170	68
180	87	180	87
180	88	180	88
180	98	180	98

4.11 合并有序数组 1

假设 nums1 和 nums2 均为从小到大的有序整数数组，请将 nums1 和 nums2 有序合并到第三个数组 nums3 中。

分析：题目已经明确 nums1 和 nums2 是有序的，那么只需要从前往后遍历 nums1 和 nums2，将当前最小的元素放到 nums3 中，并将相应的指针后移。

本题双指针，但是每一个数组一个指针，为下面一道题目打基础。函数中 len1 是数组 nums1 的长度，len2 是 nums2 的长度。程序如下。

```
void Merge1(int nums1[], int len1, int nums2[], int len2, int nums3[]) {
    int m=0, n=0;
    int nIdx=0;
    while ((m < len1) && (n < len2)) {
        if (nums1[m] <=nums2[n]) {
            nums3[nIdx]=nums1[m];
            m++;
            nIdx++;

        } else {
            nums3[nIdx]=nums2[n];
            n++;
            nIdx++;
        }
    }
    if (m==len1) {
        while (n < len2) {
            nums3[nIdx]=nums2[n];
            n++;
            nIdx++;
        }
    } else {
        while (m < len1) {
            nums3[nIdx]=nums1[m];
            m++;
            nIdx++;
        }
    }
}
```

如果对 C 语言非常熟练，上面的代码可以简化成下面的形式。

```
void Merge2( int nums1[ ], int len1, int nums2[ ], int len2, int nums3[ ]) {
    int i=0, j=0, nIdx=0;
    while ( i <len1 || j < len2) {
        if ( i= =len1 ) {
            nums3[ nIdx++] =nums2[ j++];
        } else if ( j= =len2) {
            nums3[ nIdx++] =nums1[ i++];
        } else if ( nums1[ i] < nums2[ j]) {
            nums3[ nIdx++] =nums1[ i++];
        } else {
            nums3[ nIdx++] =nums2[ j++];
        }
    }
}
```

这种方法是从小开始合并, 由于是有序的, 也可以从大到小合并, 先选择最大的放到最后一个位置, 然后找次最大的, 直到找到最小, 对应的代码如下。

```
void Merge3( int nums1[ ], int len1, int nums2[ ], int len2, int nums3[ ]) {
    int i=len1 − 1, j=len2 − 1;
    int nIdx=len1 + len2 − 1;
    while ( i >=0 || j >=0) {
        if ( i < 0) {
            nums3[ nIdx--] =nums2[ j--];
        } else if ( j < 0) {
            nums3[ nIdx--] =nums1[ i--];
        } else if ( nums1[ i] > nums2[ j]) {
            nums3[ nIdx--] =nums1[ i--];
        } else {
            nums3[ nIdx--] =nums2[ j--];
        }
    }
}
```

主程序如下, 程序运行结果输出如下。

```
int main( ) {
    int nums1[6] ={1, 2, 6, 8, 10, 12};
```

```
    int nums2[5]={4, 5, 7, 9, 10};
    int nums3[11], nums4[11], nums5[11];
    Merge1(nums1, 6, nums2, 5, nums3);
    Merge2(nums1, 6, nums2, 5, nums4);
    Merge3(nums1, 6, nums2, 5, nums5);
    for(int i=0; i<11; i++)
        std:: cout<<nums3[i]<<"   ";
    std:: cout << std:: endl;
    for(int i=0; i<11; i++)
        std:: cout<<nums4[i]<<"   ";
    std:: cout << std:: endl;
    for(int i=0; i<11; i++)
        std:: cout<<nums5[i]<<"   ";
    return 0;
}
```

从前向后归并　1　2　4　5　6　7　8　9　10　10　12
从前向后归并　1　2　4　5　6　7　8　9　10　10　12
从后向前归并　1　2　4　5　6　7　8　9　10　10　12

将两个有序数组合并成一个有序数组，叫归并排序，这道题目我们主要从双指针的角度来理解，下面介绍这一道题目的升级版。

4.12 合并有序数组 2

假设 nums1 和 nums2 均为从小到大的有序整数数组，请将 nums1 和 nums2 有序合并到数组 nums2 中，不得使用额外的空间。

分析：不得使用额外的空间，就是不能借助于另外一个数组进行合并。如果还从小到大进行合并，显然没有好的办法，此时可以从另外一个角度，第二个数组肯定空余了 len1 个位置，因此可以从后向前遍历数组，先安排最大的元素，再安排次最大的元素，直到最小的值。函数如下。

```
void Merge(int nums1[], int len1, int nums2[], int len2) {
    int i=len1 − 1, j=len2 − 1;
    int nIdx=len1 + len2 − 1;
    while (i >=0 || j >=0) {
        if (i < 0) {
            nums2[nIdx−−]=nums2[j−−];
        } else if (j < 0) {
```

```
        nums2[nIdx--] = nums1[i--];
    } else if (nums1[i] > nums2[j]) {
        nums2[nIdx--] = nums1[i--];
    } else {
        nums2[nIdx--] = nums2[j--];
    }
}
}
```

主程序如下，程序运行输出结果为 1 2 4 5 6 7 8 9 10 10 12。

```
int main() {
    int nums1[6] = {1, 2, 6, 8, 10, 12};
    int nums2[11] = {4, 5, 7, 9, 10};
    Merge(nums1, 6, nums2, 5);
    for (int i = 0; i < 11; i++)
        std::cout << nums2[i] << "  ";
    return 0;
}
```

双指针还有一种情形，就是从中间向两边，这也是一种解题策略。举几个例子来说明这种方法。

4.13 回文字符串

给定一个字符串，请判断该字符串是否回文字符串。

这道题目前面已经用双指针实现过，只不过双指针是头尾。同样如果一个字符串是回文字符串，可以从中间向两边遍历，如果两个字符都相同，那么就是回文字符串。但是字符串的长度如果是奇数，那么两个指针刚开始指向同一个位置，如果是偶数，那么两个指针指向不同的位置。如图 4-4 和图 4-5 所示。

为了描述方便，中间向前的指针用 forward 表示，向后的指针用 backward 表示，函数如下。

```
bool Palindrome(string str) {
    int forward, backward;
    if (str.length() % 2) {
        forward = str.length() / 2;
        backward = str.length() / 2;
```

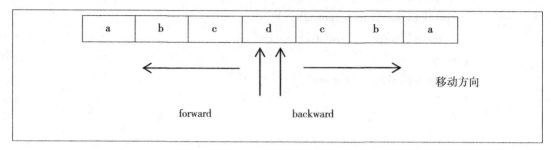

图 4-4

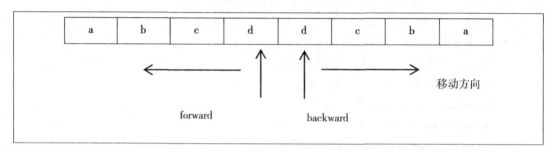

图 4-5

```
    } else {
        forward = str. length( )   / 2 - 1;
        backward = str. length( )   / 2;
    }
    while (forward > 0) {
        if (str[ forward ] ! = str[ backward ])
            return false;
        else {
            backward++;
            forward--;
        }
    }
    return true;
}
```

　　主程序如下，函数运行输出 1，字符串"123321"是一个回文字符串，其他测试数据和结果如表 4-10 所示。

```
int main( ) {
    string str = "123321";
    bool res = Palindrome(str);
    std:: cout << res<< std:: endl;
    return 0;
}
```

表 4-10

str	res
12321	1
1234421	0

4.14 最长回文字符串

给定一个字符串，请找出该字符串中最长的回文字符的长度。

分析这道题目和前面一道题目类似，但是也有本质的不同。字符串中本身并不一定是回文字符串，但是其中可能包含回文子串。因为不知道回文子串的位置，因此需要从每一个字符向两边扩展，判断是否存在回文子串，这种方法称为中心扩展法，由于回文子串长度为奇数，或者偶数，所以需要分两种情况讨论。函数如下。

```
int Expand(char str[ ], int len, int forward, int backward) {
    while (((forward >=0) && (backward < len) && (str[forward] == str[backward]))
{
        //是回文串，向外扩展
        forward--;
        backward++;
    }
    return backward - forward - 1;
}
```

```
int LongestPalindrome(char str[ ], int len) {
    int maxLen=0;
    if (len < 2) {
        return 1;
    }
    //第一个和最后一个字符，无法中心扩展
```

```
for (int i = 1; i < len − 1; i++) {
    //回文子串长度为奇数
    int oddLen = Expand(str, len, i, i);
    //回文子串长度为偶数
    int evenLen = Expand(str, len, i, i + 1);
    maxLen = std:: max(maxLen, std:: max(oddLen, evenLen));
}
return maxLen;
}
```

如果在两个字符间插入一个额外字符#(不在字符串中出现)，那么回文长度为奇数和偶数的情况就统一，只要判断奇数的情况就可以，这也可以看作一种空间换时间的方法。

主程序如下，程序运行输出 6，修改 str 的值，测试数据和结果如表 4-11 所示。

```
const int LENGTH = 10;
int main() {
    char str[LENGTH] = "123321111";
    int len = LongestPalindrome(str, LENGTH);
    std:: cout << len << std:: endl;
    return 0;
}
```

表 4-11

str	len
123211111	5
122101000	4
12200100	5
123456789	1

前面讲述了双指针的若干例子，有时可能不仅是双指针，需要多个，或者多次使用双指针技巧。本章最后举几个这样的题目。

4.15　买卖股票 1

假设股票 A，已知其 N 天中的每一天的价格，存储在整数数组 prices 中，prices[i] 表示某支股票第 i 天的价格。在每一天，你可以决定是否购买和/或出售股票。你在任何时候最多只能持有一股股票。你也可以先购买，然后在同一天出售。如果你只有一次买卖的机会，你请写一个程序计算你能获得的最大利润。

分析：因为只有一次买卖的机会，你最希望在最低价的时候买进，然后最高价的时候卖出。例如股票的价格是[7，1，5，3，6，4]，最佳买进的时候是第二天，最佳卖出是第五天。最大利润等于 $\max(prices[i]-prices[j])$，其中 $i>j$，$1<=i<=N$。最简单的方法就是采用两重循环就可以得到最大利润。函数如下，其中 price 数组存储的是股票的价格，len 是天数。

```
int Greedy1(int price[], int len){
    int profit=0;
    for(int i=0; i<len-1; i++)
        for(int j=i+1; j<len; j++)
            if(profit<(price[j]-price[i]))
                profit=price[j]-price[i];

    return profit;
}
```

这是一个二重循环，根据买卖股票的特点，最低价买进，最高价卖出遍历一次数组就可以得到最大利润，具体流程如下：

首先根据买卖的特点，需要找到一个最低价、最高价，并用两个指针分 preMin 和 preMax 别指向最低价和最高价。接着继续遍历数组，同时用两个指针分 slow 和 fast 分别指向当前的最低价和最高价，并进行比较，有三种情况使利润更大。

第一种情况是出现更高的股票价格。假设股票价格是[9，3，9，7，7，11]，此时 preMin=3，preMax=9，slow=7，fast=11。可以发现 fast>preMax，但是 slow>preMin，此时必须将 fast 赋值给 preMax(preMax=fast)。此种情况下指针的变化过程如下：

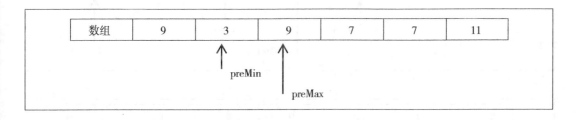

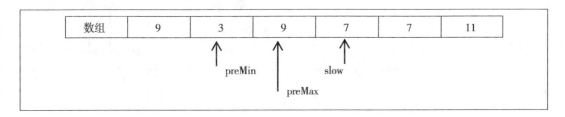

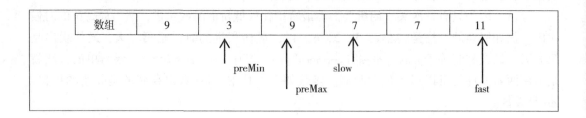

第二种情况是出现更高的股票价格，同时最低价更低。假设股票价格是[9，3，9，2，11]。此时 preMin = 3，preMax = 9，curMin = 2，curMax = 11。可以发现 curMax > preMax，并且 curMin < preMin，此时必须将 curMax 赋值给 preMax(preMax = curMax)，并且 curMin 赋值给 preMin(preMin = curMin)。变化过程如下：

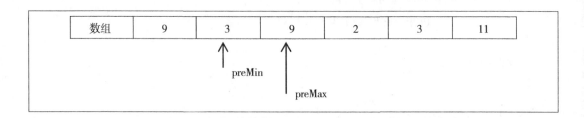

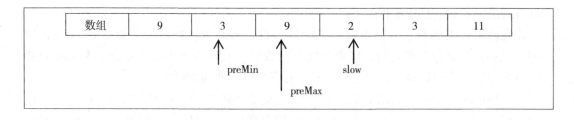

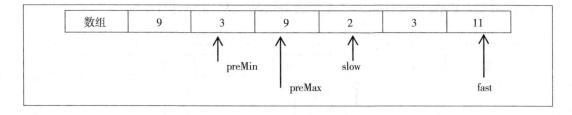

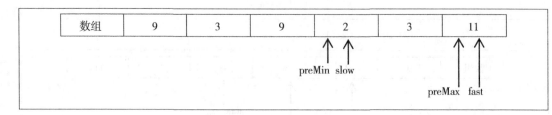

第三种情况利润(最高价和最低价的差)变得更大。假设股票价格是[9，3，9，11，1，10]，此时 preMin = 3，preMax = 11，curMin = 1，curMax = 10。（ curMax − curMin ）>（prcMax−preMin），此时同样需要将 curMax 赋值给 preMax（preMax＝curMax），并且 curMin 赋值给 preMin（preMin＝curMin）。变化过程如下：

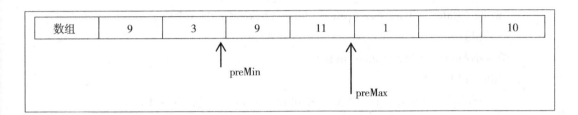

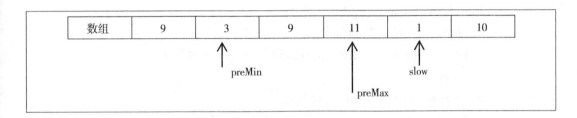

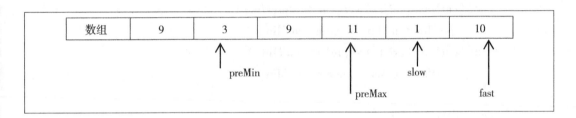

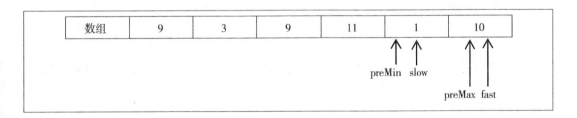

程序如下。

```
int Greedy2( int price[ ], int len){
    int profit＝0，nIdx＝0；
    int curMin，curMax，preMin，preMax；
    //找到第一个股票最低价格
    while( (nIdx < len  )&&( price[nIdx] >＝price[nIdx + 1]))
        nIdx++;
```

```
        if( nIdx<len )
            preMin = price[ nIdx ];
        else//如果股票价格一直下跌，直接退出
            return NONPROFIT;
        //找到最低价后，第一个股票最高价格
          while ((nIdx < len) && (price[ nIdx ] <= price[ nIdx + 1 ]))
            nIdx++;
        if( nIdx<len ) preMax = price[ nIdx ];
        while (nIdx < len) {
            while( (nIdx < len   )&& (price[ nIdx ] >= price[ nIdx + 1 ]))
                nIdx++;
            if( nIdx<len ) curMin = price[ nIdx ];
            //股票开始上涨，找到最大值
              while ((nIdx < len) && (price[ nIdx ] <= price[ nIdx + 1 ]))
                nIdx++;
            if( nIdx<len ) curMax = price[ nIdx ];
            if( ( curMax>preMax )&&( curMin>preMin )) preMax = curMax;
            if( ( curMax>preMax )&&( curMin<preMin ))
                preMax = curMax, preMin = curMin;
            if( ( curMax-curMin )>( preMax-preMin ))
                preMax = curMax, preMin = curMin;
        }
        profit = preMax - preMin;
        return profit;
    }
```

主程序如下，程序运行输出 65，修改 prices 的值，测试数据和测试结果如表 4-12 所示。

```
int main() {
    int profit ;
    int prices[ LENGTH ] = {9, 13, 19, 7, 36, 45, 54, 63, 72, 41};
    profit = Greedy2( prices, LENGTH );
    std:: cout << profit;
}
```

表 4-12

prices	profit
{1, 2, 3, 4, 5, 6, 7, 8, 9, 10}	9
{10, 9, 8, 7, 6, 5, 4, 3, 2, 1}	0
{9, 13, 19, 7, 36, 45, 54, 63, 72, 81}	74
{9, 13, 19, 7, 36, 45, 54, 63, 72, 81}	75

这道题目的快慢指针和前面的快慢指针有所不同，慢指针先移动，然后再确定快指针的位置。其实可以从另外一个角度理解问题，在遍历的数组的过程中需要保存若干个满足条件(股价最低价和最高价)的数组下标，然后再根据其他条件(利润最大)动态调整这些下标。

4.16 *N* 数的和 3

给定一个整数数组，数组中不包含相同的数，请找出四个数的和等于 target 的值，请问有多少种组合。

分析：前面学了三个数的和，这个题目是在三个数的和基础上进一步扩展，在三个数的和基础上加一层循环就可以，函数如下。

```cpp
int Sum4(int nums[], int len, int target) {
    int count=0;
    int left, right;
    std::sort(nums, nums + len);
    for (int i=0; i < len - 3; i++) {
        for(int j=i+1; j<len-2; j++){
            right=len - 1;
            left=j + 1;
            while (left < right) {
                if ((nums[i] + nums[j]+nums[left] + nums[right])==target) {
                    count++;
                    left++;
                    right--;
                } else if ((nums[i] + nums[j]+nums[left] + nums[right]) > target)
                    right--;
                else
                    left++;
```

```
            }
        }
    }
    return count;
}
```

主程序如下，程序运行输出 16，修改 target 的值，测试数据和测试结果如表 4-13 所示。

```
const int LENGTH = 10;
int main( ) {
    int target = 20;
    int nums[LENGTH] = {1, 2, 3, 4, 5, 6, 7, 8, 9, 10};
    int count = Sum4(nums, LENGTH, target);
    std:: cout <<count   << std:: endl;
    return 0;
}
```

表 4-13

target	count
25	14
50	0
34	1
10	1

4.17　N 数之和 4

给定一个整数数组，找出任意三个不同的数，使他们的和等于 target。请问有多少种组合。

分析：题目明确说了三个不同的数，潜在的含义是数组中可能存在重复的数，所以第一步需要对数组进行去重。在前面的题目中有对有序数组进行去重的例子，所以在去重之前，必须先对数组进行排序。综上这道题目的解题过程分为三步：(1) 排序。(2) 去重。(3) 双指针求和。在实际的问题求解过程中，往往是学过的多种方法的组合。程序如下。

```
int RemoveDuplicates(int nums[ ], int len) {
    int fast = 0, slow = 0;
    std:: sort(nums, nums + len);
```

```
        while (fast < len) {
            if (nums[fast] ! =nums[fast - 1]) {
                nums[slow] =nums[fast];
                slow++;
            }
            fast++;
        }
        return slow;
    }


    int Sum3(int nums[ ], int len, int target) {
        int count =0;
        int left, right;
        len =RemoveDuplicates(nums, len);
        for (int i =0; i < len - 2; i++) {
            right =len - 1;
            left =i + 1;
            while (left < right) {
                if ((nums[i] + nums[left] + nums[right]) = =target) {
                    count++;
                    left++;
                    right--;
                } else if ((nums[i] + nums[left] + nums[right]) > target)
                    right--;
                else
                    left++;
            }
        }
        return count;
    }
```

主程序如下，程序运行输出 3，共有三组结果，修改 Target 的值，测试数据和结果如
表 4-14 所示。

```
const int LENGTH =10;
int main() {
    int target =20;
    int nums[LENGTH] ={1, 2, 2, 4, 5, 6, 7, 8, 8, 10};
```

```
    int count=Sum3(nums, LENGTH, target);
    std:: cout <<count << std:: endl;
    return 0;
}
```

表 4-14

target	15	7	6	25	26
count	5	1	0	1	0

4.18 密码串 1

假设密码是字母组合('a'~'z','A'~'Z'),长度不少于6,中间至少要包含给定一个特殊的字符(＊、#、@),给定一个字符串,请将它分成若干个密码。

分析:采用双指针的方法,慢指针指向字符串开始遍历字符,快指针遍历字符串。密码中必须包含的特殊字符,遍历过程中不断地判断是否为特殊字符,同时快指针后移直到字符子串长度大于等于6,并且至最后一个字符。算法演示过程如下:

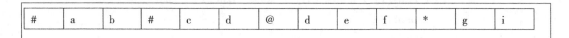

字符串值

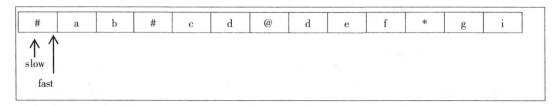

初始状态

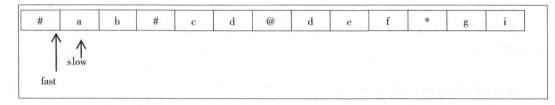

str[slow]不是特殊字符

130

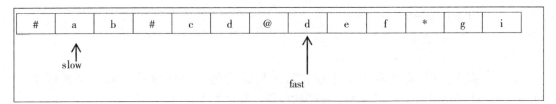

找到第一个密码串

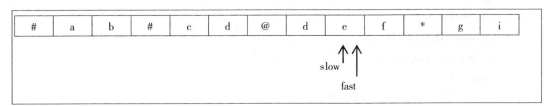

重新设置快慢指针

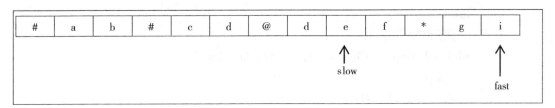

算法结束

函数如下，根据算法演示图，密码字符串长度等于 fast-slow，函数调用了 IsAtoZ 和 IsSpecialChar 两个函数，前一个判断字符是否英文字母，后面一个判断是否特殊字符。

```
using namespace std;
const int LENGTH = 6;
bool IsAtoZ( char ch ) {
    if ( ( ( ( ch >= 'A' ) && ( ch <= 'Z' ) ) || ( ( ch >= 'a' ) && ( ch <= 'z' ) ) )
        return true;
    else
        return false;
}

bool IsSpecialChar( char ch ) {
    //@ 、 # 、 *
    if ( ( ( ch == '@' ) || ( ch == '#' ) || ( ch <= ' * ' ) )
        return true;
```

```
    else
        return false;
}
```

快指针的移动需要判断多个条件，第一是需要包含特殊字符，第二是长度小于
LENGTH，第三是最后一个字符不能是特殊字符。程序如下。

```
int SplitPassword(string str, string password[]) {
    int count = 0;
    int slow = 0, fast = 0;
    int len = str.length();
    while (fast < len) {
        //第一个字符必须是字母
        while (! IsAtoZ(str[slow]) && (slow<len))
            slow++;
        fast = slow + 1;
        //找到特殊字符
        while (! IsSpecialChar(str[fast]) && (fast<len))
            fast++;
        //长度小于 LENGTH
        while (((fast - slow) < LENGTH - 1) && (fast<len))
            fast++;
        //最后一个字母不是英文字符
        while (IsSpecialChar(str[fast]) && (fast < len))
            fast++;
        if (fast < len) {
            password[count] = str.substr(slow, fast - slow + 1);
            count++;
        }
        slow = fast + 1;
        fast = slow + 1;
    }
    return count;
}
```

主程序如下，程序运行输出结果如下，修改字符串，新的测试数据和测试结果如表
4-15 所示。
```
int main() {
```

```
        string str = " aaaaa#aaa#aabccc * dfgh" ;
        string password[100];
        int count = SplitPassword(str, password);
        std:: cout << "密码数 = " <<count << std:: endl;
        for (int i = 0; i < count; i++)
            std:: cout << password[i] << std:: endl;
        return 0;
    }
```

密码数 = 3
aaaaa#a
aa#aab
ccc * df

表 4-15

str	count	密码
aaaaaa	0	
Aaaaaa#	0	
aaa#a	0	
aa * aabbb *	1	aa * aab
aa@ * aabbb * bb	2	aa@ * aa、bbb * bb

4.19 密码串 2

假设密码是字母组合('a'~'z'，'A'~'Z')，长度不少于 6，但是希望尽可能短，中间至少要包含给定一个特殊的字符(* 、#、@)，给定一个字符串，请将它分成若干个密码。

分析：采用双指针的方法，首先根据前一道题的方法，找到一个符合要求的密码字符串，接着判断长度是否大于 6，如果大于 6，则判断是否可以移动慢指针，缩短密码的长度，算法演示过程如下：

#	a	b	#	c	d	@	d	e	f	*	g	i

字符串值

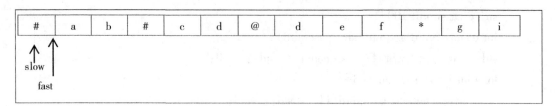

指针初始化

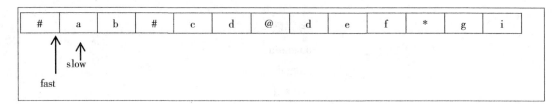

确定慢指针位置

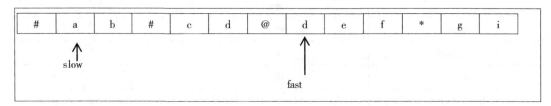

移动快指针，找到第一个密码串

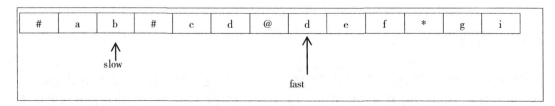

移动慢指针，缩短密码串的长度

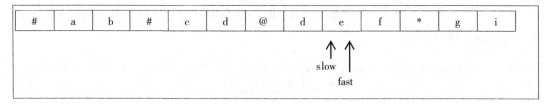

调整快慢指针的位置

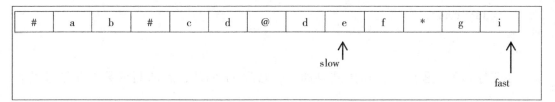

#	a	b	#	c	d	@	d	e	f	*	g	i

算法结束

同样 SplitPassword 函数做了稍微的调整，程序如下。

```
int SplitMinPassword(string str, string password[]) {
    int count = 0;
    int slow = 0, fast = 0;
    int len = str.length();
    while (fast < len) {
        //第一个字符必须是字母
        while (! IsAtoZ(str[slow]) && (slow<len))
            slow++;
        fast = slow + 1;
        //找到特殊字符
        while (! IsSpecialChar(str[fast]) && (fast<len))
            fast++;
        //长度小于 LENGTH
        while (((fast − slow) < LENGTH − 1) && (fast<len))
            fast++;
        //最后一个字母不是英文字符
        while (IsSpecialChar(str[fast]) && (fast < len))
            fast++;
        //移动慢指针，缩短密码长度
        while (IsAtoZ(str[slow + 1]) && ((fast − slow) > LENGTH − 1))
            slow++;

        if (fast < len) {
            password[count] = str.substr(slow, fast − slow + 1);
            count++;
        }
        slow = fast + 1;
        fast = slow + 1;
```

```
        }
        return count;
    }
```

主程序如下，程序运行输出结果如下，修改 str 的值，新的测试数据和结果见表 4-16。

```
int main( ) {
    string str = " aadfaa * abbcc@ abbb * ";
    string password[ 100 ];
    int count = SplitMinPassword( str, password);
    std:: cout << " 密码数 = "<<count << std:: endl;
    for ( int i = 0; i < count; i++)
        std:: cout << password[ i ] << std:: endl;
    return 0;
}
```

密码数 = 2
dfaa * a
bbcc@ a

表 4-16

str	count	密码
aadfaa * a	1	dfaa * a
aadfaa * abvfcc@ dfghh	2	dfaa * a、vfcc@ d
aadfaa *	0	
* aadfaa	0	

4.20 密码串 3

假设密码是字母组合('a'~'z'，'A'~'Z')，长度不少于 4，中间只包含给定一个特殊的字符(* 、# 、@)，给定一个字符串，请将它分成若干个密码。

分析：本题为了演示算法方便，将密码长度设为 4，和 6 本质上一样。采用双指针的方法，根据前面两道题，利用快指针找到一个特殊字符，接着快指针继续移动，直到长度大于等于 4，并且在继续移动的过程中不能出现特殊字符，如果出现，那么当前字符串不满足要求，直接设置慢指针的位置。

慢指针的位置可以设置成第一次发现特殊字符后的第一个英文字母，或者特殊字符是连续的，此时需要跳过连续的特殊字符，所以除了快慢指针外，还需要设置一个指针（tmp），指向第一次发现特殊字符后的第一个英文字母，算法过程演示如下：

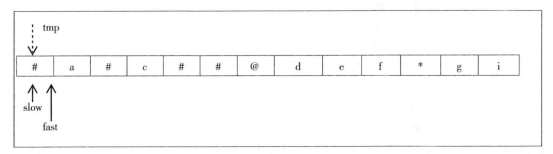

初始化

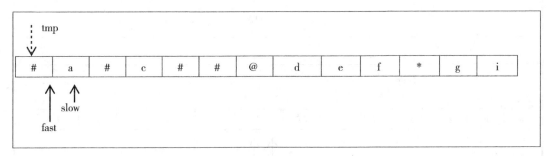

str[slow]不是特殊字符

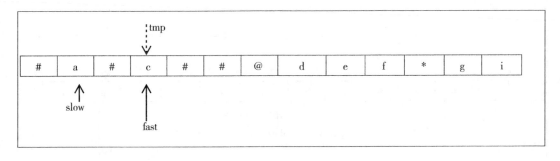

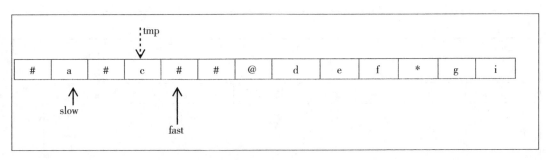

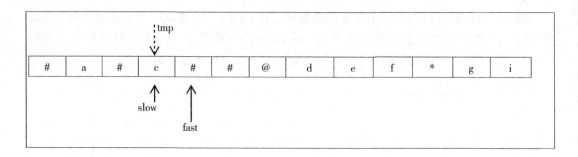

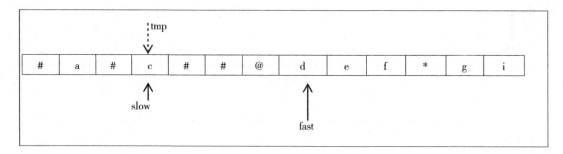

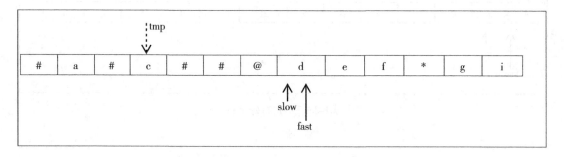

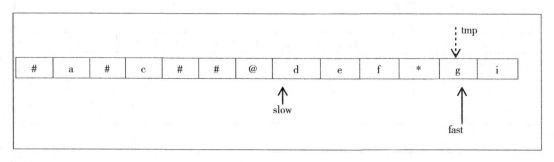

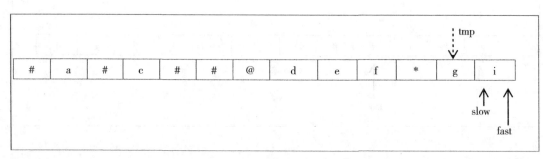

```
int SplitStrictPassword(string str, string password[ ]) {
    int count = 0;
    int slow = 0, fast = 0, tmp = 0;
    int len = str.length();
    while (fast < len) {
        //第一个字符必须是字母
        while (! IsAtoZ(str[slow]) && (fast < len))
            slow++;
        fast = slow + 1;
        //找到特殊字符
        while (! IsSpecialChar(str[fast]) && (fast < len))
            fast++;

        //如果长度小于 LENGTH，或者最后一个字母不是英文字符
        while ((((fast - slow) < LENGTH - 1) || (IsSpecialChar(str[fast]))) &&
(fast < len)) {
            fast++;
            //指向第一个非特殊字符
            if (IsAtoZ(str[fast]))
            {
                if(tmp <= slow)
                    tmp = fast;
            }
            else
                break;
        }

        //判断退出循环的条件
        if (IsSpecialChar(str[fast])) {
            if (tmp > slow)
                slow = tmp;
            else
                slow = fast + 1;
        } else {
            if (fast < len) {
                //移动慢指针，缩短密码长度
                while (IsAtoZ(str[slow + 1]) && ((fast - slow) > LENGTH - 1))
                    slow++;
```

```
                password[count] = str. substr(slow, fast - slow + 1);
                count++;
                slow = fast + 1;
                fast = slow + 1;
            }
        }
    }
    return count;
}
```

主程序如下，程序运行输出结果是 count = 1，密码串是 ef * g，注意此时 LENGTH = 4，修改 str 的值，测试数据和测试结果见表 4-17。

```
const int LENGTH = 4;
int main() {
    string str = "#a#c#@ def * gi";
    string password[100];
    int count = SplitStrictPassword(str, password);
    std:: cout << "密码数 = " << count << std:: endl;
    for (int i = 0; i < count; i++)
        std:: cout << password[i] << std:: endl;
    return 0;
}
```

表 4-17

str	count	密码
a * fdgh * dfgc@	2	a * fd、gh * d
a * fd	1	a * fd
aaaaaaaaa * f	1	aa * f

第5章 滑动窗口

滑动窗口也是一种编程技巧，很多时候跟数组相关。既然是窗口，那么窗口肯定有左右边界，边界自然就会想到双指针，所以在许多情况下，滑动窗口是跟双指针连在一起，此外滑动窗口通常和极值问题联系在一起。和前面的双指针叫法统一，这里同样采用快慢指针的叫法，窗口右侧的指针称为快指针，左侧的指针称为慢指针。

滑动窗口类型的题目主要有两大类，第一是窗口大小固定，计算满足条件的值，另外一种是窗口大小不固定，希望找一个最小的窗口，或者是最大的窗口。首先我们来看窗口大小固定的情况。

5.1 密码串4

假设密码是字母组合('a'~'z'，'A'~'Z')，长度等于6，中间至少要包含给定一个特殊的字符(＊、#、@)，给定一个字符串，请将它分成若干个密码。

分析：题目已经说明密码长度等于8，这是一个固定的窗口，给定一个i，顺序访问8个字符，判断这8个字符形成的字符子串是否满足要求，如果满足，$i=i+8$，否则$i=i+1$算法演示过程如下：

字符串

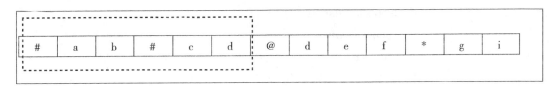

第一个窗口，不满足要求

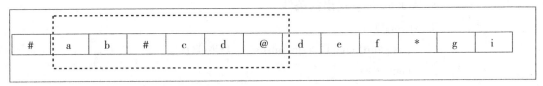

第二个窗口，不满足要求

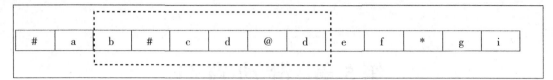

第三个窗口满足要求

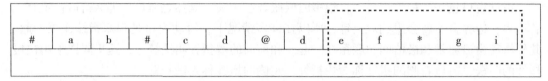

第四个窗口大小不满足要求

根据算法演示，函数如下。

```
int SplitFixedPassword( string str, string password[ ] ) {
    int i=0;
    int len=str. length( );
    bool special;
    int count=0;
    while((i+LENGTH-1)<len) {
        special=false;
        if (IsSpecialChar(str[i]) || IsSpecialChar(str[i + LENGTH - 1]))
            i++;
        else {
            for (int j=i+1; j < i+LENGTH - 1; j++) {
                if (IsSpecialChar(str[j])) {
                    special=true;
                    break;
                }
            }
            //判断 for 循环退出的条件
            if (special) {
                password[count]=str. substr(i, LENGTH);
                count++;
                i=i + LENGTH;
            } else
```

```
            i++;
        }
    }
    return count;
}
```

主程序如下，程序运行输出 count = 1，密码串是 aaaa * f。修改 str 的值，测试数据和测试结果如表 5-1 所示。

```
int main() {
    string str = "aaaaaaaaa * f";
    string password[100];
    int count = SplitFixedPassword(str, password);
    std:: cout << "密码数 = "<<count << std:: endl;
    for (int i = 0; i < count; i++)
        std:: cout << password[i] << std:: endl;
    return 0;
}
```

表 5-1

str	count	密码
Asd * @ fg	1	Asd * @ f
Asd * @ fg * dgfhj	2	Asd * @ f、g * dgfh
Asdd * @	0	

5.2 连续子数组 1

给一个数组 A，以及正整数 K，计算长度为 K 的连续子数组和的最大值。

分析：对于每一个元素，计算其连续 K 个元素的和，并取最大值，所以最简单的办法是采用两重循环(暴力解法)就可以解决，函数如下。

```
int MaxKSubarray(int nums[], int len, int K) {
    int sum;
    int maxSum = 0;
}
```

```
for (int i=0; i <=(len - K); i++) {
    sum = 0;
    for (int j=i; j < i + K; j++)
        sum += nums[j];
    maxSum = std::max(maxSum, sum);
}
return maxSum;
}
```

双重循环简单，但是时间复杂度高。因为在前一个窗口和下一个窗口存在重复元素，所以双重循环存在重复计算。

长度为 K 的数组，可以看作一个窗口。首先固定固定一个窗口，窗口内和为 sum，慢指针是 left，窗口的然后向右滑动一个位置，新窗口的和等于 sum-A[left]+A[left+K]，避免了重复计算，示意图如下，灰色底纹包含的元素是一个窗口。

1	2	0	1	−1	4	1	−2

K=3 maxSum=0

1	2	0	1	−1	4	1	−2

maxSum=3

1	2	0	1	−1	4	1	−2

maxSum=3

1	2	0	1	−1	4	1	−2

maxSUm= 0

1	2	0	1	−1	4	1	−2

maxSum=4

1	2	0	1	−1	4	1	−2

maxSum=4

1	2	0	1	−1	4	1	−2

maxSum=3

函数如下。

```
int MaxKSubarray(int nums[], int len, int K) {
    int fast;
    int sum = 0;
    int maxSum = 0;
    //计算第一个窗口的和
    for (fast = 0; fast < K; fast++) {
        sum += nums[fast];
    }
    maxSum = std::max(maxSum, sum);
    for (fast = K; fast < len; fast++) {
        // 新窗口的和 = 前一个窗口的和 + 新进入窗口的值 - 移出窗口的值
        sum += nums[fast] - nums[fast - K];
        maxSum = std::max(maxSum, sum);
    }
    return maxSum;
}
```

主程序如下，程序运行输出 12 和 12。

```
int main() {
    int nums[10] = {1, 2, 0, 1, 3, 4, -2, -3, 7, 8};
    int sum1 = MaxKSubarray1(nums, 10, 3);
    int sum2 = MaxKSubarray2(nums, 10, 3);
    std::cout << sum1   << sum2 << std::endl;
    return 0;
}
```

5.3 连续子数组 2

给定一个正整数数组 A，在数组中找出和大于等于 target 的长度最小的、连续子数组 [numsl, numsl+1, ⋯, numsr-1, numsr]，并返回其长度。如果不存在符合条件的子数组，返回 0 。

分析：根据题目，找出一个一个连续的子数组，对于一个元素 $A[i]$，利用快指针向右遍历数组，并累计计算和，直到和大于 target，最后将慢指针向右移动，看去掉一个元素，和是否依然大于 target。假设和是 7，数组是 [2, 1, 2, 3, 4, 2, 1] 算法过程演示如下：

初始快慢指针都是位于数组头。

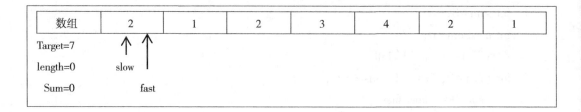

第二步，不停地移动快指针，并计算累加和到 sum 变量，直到和大于 target，其含义是找到了一个窗口，虚线箭头表示了快指针的移动过程。

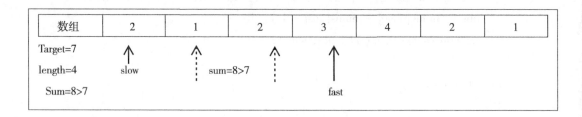

移动慢指针，减少窗口的大小。从累加和 sum 中减去当前的元素值，直到和小于 target。此时得到一个解，连续子数组的长度等于 fast−slow+1。

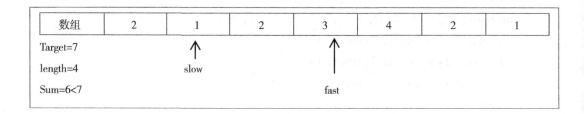

在计算下一个子数组的和时，要确定窗口的起始位置，是 slow 指针指向的位置，此时要调整快指针的位置，将快指针和慢指针对齐，然后继续利用快指针遍历，流程如下：

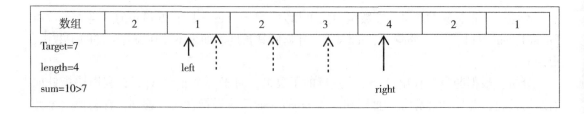

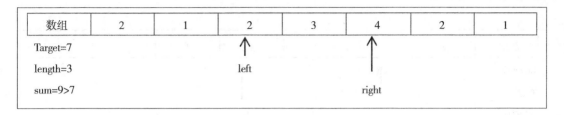

根据上述的算法流程，函数如下。

```
int MinSubArray1(int nums[ ], int len, int target) {
    int right = 0;
    int left = 0;
    int minLen = len + 1;
    int sum = 0;
    while (right < len) {
        while ((right < len) && (sum < target)) {
            sum += nums[right];
            right++;
        }
        if (right < len) {
            while (sum >= target) {
                sum -= nums[left];
                left++;
            }
            minLen = std:: min(right - left + 1, minLen);
            right = left;
            sum = 0;
        }
    }
    if (minLen > len)
        return -1;
    else
        return minLen;
}
```

至此，可以算是完成了该算法的编写，注意程序中循环的退出条件。仔细分析一下，该算法过程中存在重复计算。再看下面的过程，此时从 slow 到 fast 这个窗口的值是 6，如果按照前面的过程，需要调整快指针，重新计算。观察发现黑色虚线矩形框中的数组元素和其实就等于前面的 sum 值，因此，最简单的办法就是直接将快指针后移，继续累加到

sum 变量中。流程如下：

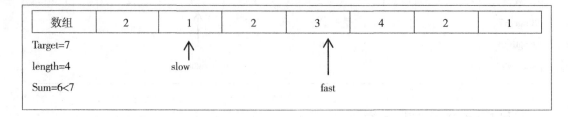

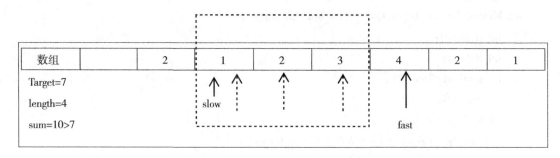

经过改进的算法如下，很显然下面的程序比上面的程序简洁了很多，上面的程序也许看上去很"笨"，但是真正理解算法的细节可能需要一点时间。很多简洁高效的算法是经过很多次"笨"算法总结，提炼得到的。

```cpp
int MinSubArray2(int nums[], int len, int target) {
    int slow = 0, fast = 0;
    int sum = 0, minLen = len + 1;

    while (fast < len) {
        sum += nums[fast];

        while (sum >= target) {
            minLen = std::min(minLen, fast - slow + 1);
            sum -= nums[slow];
            slow++;
        }
        fast++;
    }
    if (minLen > len)
        return -1;
    else
        return minLen;
```

}

主程序如下，程序运行输出 2 2，显然 9+1＝10，子数组长度等于 2。

```
const int LENGTH = 10;
int main( ) {
    int target = 10;
    int nums[ ] = {9, 1, 2, 7, 13, 10, 8, 2, 6, 3};
    int len1 = MinSubArray1(nums, LENGTH, target);
    int len2 = MinSubArray2(nums, LENGTH, target);
    std:: cout << len1<<" "<<len2 << std:: endl;
    return 0;
}
```

对于窗口不固定的滑动窗口，一般的算法流程首先根据题目条件，快指针的一个位置（窗口的扩张），这样就确定了一个窗口，那么根据其他条件（比如说极值），再去调整左侧指针的位置（慢指针的位置），或者称为窗口的收缩。下面是滑动窗口编程技巧的一般框架。

```
void Solution( ) {
    slow = 0
    fast = 0 //初始化
    while(扩张条件){
        FindTarget1( )//扩张时一般求极大值
        while(收缩条件){
            FindTarget2( )//收缩时一般求极小值
            slow++//收缩，有可能是++，也有可能是跳跃式移动
        }
        fast++//扩张，一般都是++
    }
    if(一次收缩条件都没有满足){
        特殊情况处理
    }
}
```

将本题中的 MinSubArray 函数和滑动窗口的框架代码，做对比，可以发现，扩张的条件是 right<len；目标函数是 FindTarget1 是 sum +=nums[fast]，收缩条件是 sum >=target；目标函数是 FindTarget2 是 sum -=nums[slow]。基本上和框架代码类似。只是特殊情况不需要做处理，其实处理已经在收缩部分的 while 循环中。

修改 target 的值，测试数据和结果如表 5-2 所示。

表 5-2

target	9	20	40	80
len1	1	2	5	−1
len2	1	2	5	−1

5.4 限流

给定一个整数数组 nums 和一个整数 k，判断数组中是否存在两个不同元素，起下标对应于 i 和 j，满足 nums[i]==nums[j] 且 abs(i − j) <=k。如果存在，返回 true；否则，返回 false。

分析：这道题目背后的含义是限流，K 是一个时间段，如果在这个时间段内有用户多次请求连接，那么就可以拒绝用户的请求，从而把更多的机会让给别人。abs(i − j) <=k 的含义就是窗口最大为 K，对应的问题就是判断连续 K 个子数组中是否存在重复元素。这个问题有两个解法，第一是对 K 个元素进行排序，得到数组 A，然后遍历，判断 A[i] == A[i+1] 是否成立。此外第二种借助于 map 结构，遍历一次 nums 数组。流程如下：

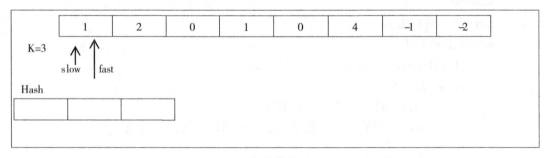

初始状态

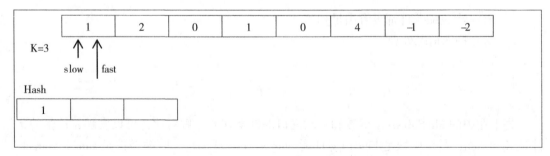

Fast = 0

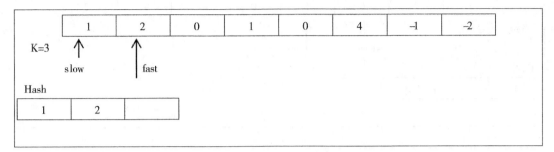

Fast = 1

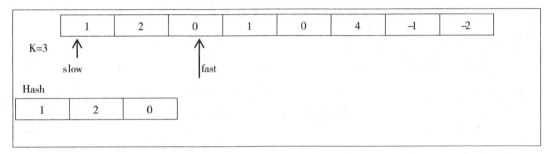

Fast = 2

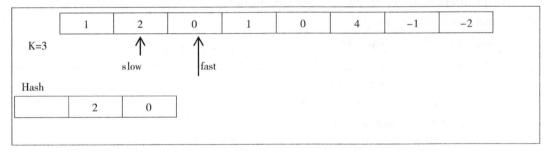

Slow++

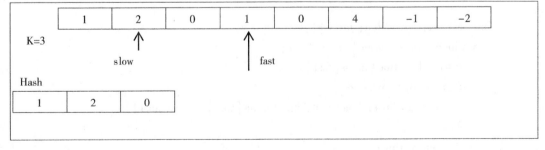

Slow++

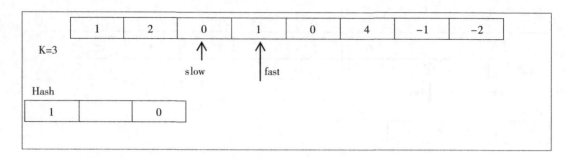

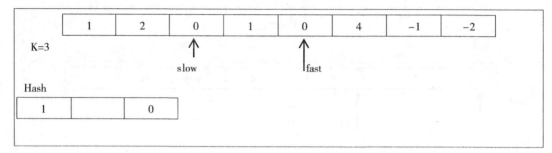

Fast++出现重复，返回 true

函数如下。

```
bool FindDuplicateInK(int nums[ ], int len, int K) {
    map<int, int> window;
    map<int, int>:: iterator itr;
    int fast;
    for (fast=0; fast < K; fast++) {
        itr=window. find(nums[fast]);
        if (itr==window. end())
            window. insert(pair<int, int>(nums[fast], nums[fast]));
        else
            return true;
    }
    for (fast=K; fast < len; fast++) {
        window. erase(nums[fast − K]);
        itr=window. find(nums[fast]);
        if (itr==window. end())
            window. insert(pair<int, int>(nums[fast], nums[fast]));
        else
            return true;
    }
}
```

对于窗口大小固定的题目，窗口在移动时存在数据重复，因此可以根据具体问题做相应的优化，这样可以提高算法的效率。

主程序如下，程序运行输出 0，代表不存在。修改 K，当 K=8、9、10 的时候返回为 1；当 K=1、2、3、4、5、6 时返回为 0。

```cpp
const int LENGTH = 10;
int main( ) {
    int nums[LENGTH] = {1, 2, 3, 4, 5, 6, 7, 1, 9, 10};
    int K = 7;
    bool dupl = ContainsDuplicateInK(nums, LENGTH, K);
    std::cout << dupl << std::endl;
    return 0;
}
```

5.5 含重复字符的最长子串

给定一个字符串 str，找出该字符串中不含重复字符的最长子串。

分析：题目只要涉及字符串，那么就应该知道，字符的总数是一定的，有 128 个。因此对于字符串类的题目，有时可以设置一个长度为 128 的数组，用来存放每一个字符的相关信息。这道题目同样设置一个长度为 128 的数组 pos，用来存放字符串中每一个字符的位置。起初设置每一个字符的位置是 NOTFOUND（常量，值是 −1），代表该字符没有在字符串中出现，遍历字符串，给如果一个字符的位置不等于 −1，那就代表该字符已经出现过，是一个重复字符，此时可以得到一个不包含重复字符串的长度。接着调整遍历慢指针的位置，以及重复字符的位置信息。算法的示意图如下：

位置	−1	−1	−1	−1	−1	−1	−1
字符	a	b	c	d	e	f	g

字符串	a	b	c	b	b	d	e	\0

Length=0

Slow　fast

初始状态

153

位置	0	–1	–1	–1	–1	–1	–1
字符	a	c	d	e	f	g	h

字符串	a	b	c	b	b	d	e	\0

Length=0

Slow　fast

fast = 0

位置	0	1	–1	–1	–1	–1	–1
字符	a	b	c	d	e	f	g

字符串	a	b	c	b	b	d	e	\0

Length=0

Slow　　　　fast

fast = 1

位置	0	1	2	–1	–1	–1	–1
字符	a	b	c	d	e	f	g

字符串	a	b	c	b	b	d	e	\0

Length=0

Slow　　　　fast

fast = 2

位置	0	1	2	–1	–1	–1	–1
字符	a	b	c	d	e	f	g

字符串	a	b	c	b	b	d	e	\0

Length=0

Slow　　　　fast

fast = 3

154

当 fast=3 时，可以发现 pos[b]=1>NOTFOUND，含义是 b 是一个重复字符，如果不包含 b，那么不含重复字符串的子串长度=fast−slow。此时要移动 slow 指针，指向 pos[b] 后面的一个字符，同时要将 pos['b']=fast，示意图如下：

位置	0	3	2	−1	−1	−1	−1
字符	a	b	c	d	e	f	g

字符串	a	b	c	b	b	d	e	\0

Length=3

Slow   fast

在新的字符串中又出现一个"b"字符，所以又要移动指针，此时注意要怎么判别字符 b，显然不能继续采用用 pos['b']>NOTFOUND，在新的字符串重复出现，采用的判断方法是 pos['b']>slow，这道题目最难的地方就是判断条件从 pos['b']>NOTFOUND 提升到 pos['b']>slow，在程序中特地加了一行注释的代码。根据上述流程，函数如下。

```
const int NOTFOUND = −1;
int LongestSubstring(char * str) {
    int slow = −1, fast = 0, maxLen = 0;
    int pos[128] = {−1};
    for(int i = 0; i < 128; i++)
        pos[i] = NOTFOUND;


for (fast = 0; str[fast] ! = '\0'; fast++) {
    //注释的代码，在判断条件上是不对的，对于第一次判断是对的
        //if (pos[str[fast]]>NOTFOUND)
        //但是如果有超过3次以上的重复字符则是不对的
        if (pos[str[fast]]>slow)
            slow = pos[str[fast]] + 1;

        pos[str[fast]] = fast;
        maxLen = std:: max(maxLen, fast − slow + 1);
    }
    return maxLen;
}
```

主程序如下，程序运行输出 6，修改 str 的值，测试数据和测试结果如表 5-3 所示。

```cpp
int main( ) {
    char *  str = " hello world" ;
    int len = LongestSubstring( str) ;
    std : : cout << len << std : : endl;
    return 0;
}
```

表 5-3

str	len
helloworld	5
aaaaa	1
aaaaaab	2
bacaaaaab	3

5.6 连续 1 的最长长度

给出一个数组，数组中元素只包含 0 和 1 。再给一个 K，代表能将 0 变成 1 的次数。要求经过变换以后，1 连续的最长长度。

分析：将 K 个 0 变成 1，1 连续长度最长，那么定义一个窗口，该窗口中恰好包含 K 个 0，注意窗口左右两个指针是 slow，和 fast。（Fast+1）指针指向的元素是 0。生成第一个窗口时 slow = 0；第二次以后满足的条件是（slow−1）指向的元素是 0。与前面的算法，可以先找到一个窗口，该窗口包含 K 个 0。接着移动窗口，左边减少一个 0，右边增加一个 0，计算窗口的长度，并选择最大值，依次类推，就能得到 1 连续的最长长度。算法演示如下：

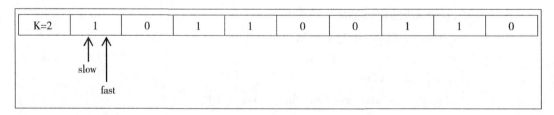

初始状态

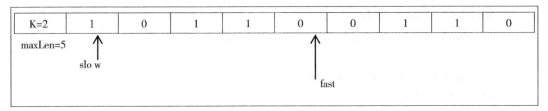

找到第一个窗口

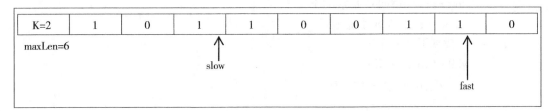

找到第二个窗口

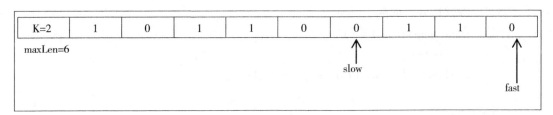

找到第三个窗口

函数如下:

```
int ReplaceKZero(int nums[], int len, int K) {
    int fast = 0;
    int slow = 0;
    int maxLen = 0;
    int count = 0;
    //找到一个窗口包含 K 个零,
    while ((count < K) && (fast < len)) {
        if (nums[fast] == 0)
            count++;
        fast++;
    }
    if (fast == len)
        return len;
    //最后一个零后面的所有的 1 也要加入窗口
```

```
    while( nums[ fast ] = = 1)
        fast++;


    maxLen = std:: max( maxLen, fast − slow);
    while ( fast < len ) {
        while ( nums[ slow ] = = 1)
            slow++;
        slow++; //指向 0 元素的下一个
        count--; //零元素总和减一
        //找到下面一个零
        while ( count < K ) {
            if ( nums[ fast ] = = 0)
                count++;
            fast++;
        }
        //遍历 0 后面的 1
        while( nums[ fast ] = = 1)
            fast++;
        maxLen = std:: max( maxLen, fast − slow);
    }
    return maxLen;
}
```

主程序如下，程序运行输出 6，nums 不变，修改 K 值时，测试数据和测试结果如表 5-4 所示。

```
const int LENGTH = 15;
int main( ) {
    int K = 1;
    int nums[ LENGTH ] = {0, 1, 0, 1, 0, 1, 1, 1, 0, 1, 1, 0, 1, 1, 1};
    int len = LongestOnes2( nums, LENGTH, K);
    std:: cout << len<<" "<< std:: endl;
    return 0;
}
```

表 5-4

K	2	3	4	5
len	10	12	14	15

第6章 离散数学中程序设计

集合是离散数学中最基本，也是最重要的概念之一，本章的编程题以离散数学中的作业为基础，将解题的过程用程序实现，第一是锻炼 C/C++的编程能力，第二是加深对离散数学中集合等概念的理解。

6.1 集合元素去重

给定一个整数数组 A，有些整数会重复出现很多次，需要将这些重复的元素去除，得到一个整数数组 B。

分析：遍历整数数组 A，对于每一个整数，如果不在 B 中，那么把该整数加入数组的末尾，数组 B 元素总数加一。函数 In 就是判断元素 e 是否在集合 set 中，len 参数含义是 set 集合中当前元素的总数。

```cpp
bool In(int e, int set[], int len)
{
    for(int i=0; i<len; i++)
        if(set[i]==e)
            return true;

    return false;
}


int RemoveDuplication1(int nums[], int len, int set[]){
    int size=0;
    for(int i=0; i<len; i++)
        if(! In(nums[i], set, size)){
            set[size]=nums[i];
            size++;
        }
    return size;
}
```

以上的解法使用了额外的数组，如果不能使用额外的空间，那么将原数组可以分成两部分。第一部分从 0 到 i 是不包含重复元素的数组 nums1，从 j 到 len−1 是需要判别的部分，如果其中包含的元素不在 nums1 出现，那么就加入 nums1，数组的长度增一，显然 $j >$ i，函数如下，该函数同样调用了前面的 In 函数，判断一个元素是否在当前集合中，该函数的好处是没有改变元素的相对位置。

```
int RemoveDuplication2(int nums[], int len){
    int size=0;
    for(int i=0; i<len; i++)
        if(! In(nums[i], nums, size)){
            nums[size]=nums[i];
            size++;
        }
    return size;
}
```

如果使用 map 数据结构可以更高效。遍历数组 A，判断该元素是否在 map 中，如果不在，添加到 map 中，如果在则忽略，程序如下。

```
int RemoveDuplication3(int nums[], int len, int set[]){
    int size=0;
    map<int, int> res;
    map< int , int>:: iterator iter;
    for(int i=0; i<len; i++){
        iter=res. find(nums[i]);
        if(iter==res. end()){
            res. insert(pair<int, int>(nums[i], nums[i]));
            set[size]=nums[i];
            size++;
        }
    }
    return size;
}
```

主程序如下，程序运行输出 8 8 8。

```
const int LENGTH=15;
int main(){
```

```
int nums[LENGTH]={1, 2, 3, 1, 3, 7, 8, 5, 7, 8, 5, 2, 11, 11, 17};
int set[LENGTH];
int len1=RemoveDuplication1(nums, LENGTH, set);
int len3=RemoveDuplication3(nums, LENGTH, set);
int len2=RemoveDuplication2(nums, LENGTH);
std::cout << len1<<" "<<len2<<" "<<len3 << std::endl;
return 0;
}
```

6.2 真子集

给定两个集合 A、B；集合中每一个元素是整数，请判断集合 A、B 之间是否为真子集关系。

分析：假设集合 A 是集合 B 的真子集，那么集合 A 中元素的个数肯定小于集合 B 中元素的个数，所以只要对集合 A 中每一个元素，判断是否在 B 中，如果均在，那么 A 是 B 的真子集，如果有一个不在，那么就不是。函数如下，该函数判断 nums1，是不是 nums2 的真子集，同样调用了前面的 In 函数，需要循环的次数基本等于 len2 * len1。

```
bool ProperSubset(int nums1[], int len1, int nums2[], int len2) {
    for (int i=0; i < len1; i++)
        if (!In(nums1[i], nums2, len2))
            return false;
    if (len1==len2)
        return false;
    else
        return true;
}
```

这个题目，如果利用 map 结构，可以得到一个更高效的解法。那么就存在将哪一个集合存放到 map 中，因为 nums1 中每一个元素都需要遍历，判断是否在 nums2 中，所以需要将 nums2 存放到 map 中，对应的函数如下。

```
bool ProperSubset(int nums1[], int len1, int nums2[], int len2) {
    map<int, int> bSet;
    map<int, int>::iterator itr;
    for (int i=0; i < len2; i++)
        bSet.insert(pair<int, int>(nums2[i], nums2[i]));
```

```cpp
    for (int i=0; i < len1; i++) {
        itr=bSet.find(nums1[i]);
        if (itr==bSet.end())
            return false;
    }
    if (len1==len2)
        return false;
    else
        return true;
}
```

主程序如下，程序输出结果 1，改变 nums1 数组的元素，测试数据和测试结果如表 6-1所示。

```cpp
int main() {
    int nums1[]={1, 2, 6};
    int nums2[]={1, 2, 3, 4, 5, 6};
    bool proper=ProperSubset(nums1, 3, nums2, 6);
    std::cout <<proper  << std::endl;
    return 0;
}
```

表 6-1

nums1	{5, 2, 6}	{5, 2, 8}	{1, 2, 3, 4, 5, 6}	{1, 2, 3, 4, 5, 6, 7}
proper	1	0	0	0

6.3　集合的交 1

给定两个整数集合 A、B，编写一个程序计算 $A \cap B$ 元素的个数。

分析：定义一个变量 count，用来表示两个集合中相同元素的个数。对于集合 A 中每一个元素 a，在集合 B 中遍历，如果存在一个元素 b，使得 $a==b$，那么 count++；最后返回 count 值，函数如下。

```cpp
int Intersect(int a_set[], int len1, int b_set[], int len2) {
```

```
        int count=0;
        for ( int i=0; i < len1; i++)
            for ( int j=0; j < len2; j++)
                if ( a_set[ i] = =b_set[ j] ) {
                    count++;
                    break;
                }
        return count;
}
```

同样该问题存在一个高效的解法，首先把 B 集合的元素存到一个 map 中，然后遍历 A 集合，对每一个元素在 map 中判断是否存在。该算法仅需要遍历一次 A 集合和 B 集合，函数如下。

```
int Intersect( int a_set[ ], int len1, int b_set[ ], int len2) {
    int count=0;
    map<int, int> rest;
    map< int , int>:: iterator iter;
    for( int i=0; i<len2; i++)
            rest. insert( pair<int, int>( b_set[ i], b_set[ i] ) );
    for( int i=0; i<len1; i++)
    {
        iter=rest. find( a_set[ i] );
        if  ( iter ! =rest. end( ) )
            count++;
    }
    return count;
}
```

主程序如下，程序运行输出 5 5。

```
const int LENGTH=10;
int main( ) {
    int nums1[ LENGTH] ={ 1, 2, 3, 4, 5, 6, 7, 8, 9, 10} ;
    int nums2[ LENGTH] ={ 11, 2, 13, 4, 5, 16, 7, 18, 9, 110} ;
    int count1=intersect1( nums1, LENGTH, nums2, LENGTH) ;
    int count2=intersect2( nums1, LENGTH, nums2, LENGTH) ;
    std:: cout << count1<<"   " <<count2 << std:: endl;
```

```
    return 0;
}
```

6.4　计算补集

已知全集 U，U 中每一个元素均是整数，U 的子集 A，输出 $U-A$ 中元素。

分析：有了以上集合题目作为基础，这道题目不难解决。对于全集 U 中每一个元素，判断是否在集合 A 中，如果不在那么输出该元素，函数如下。

```cpp
void ComplementarySet( int nums1[ ], int len1, int nums2[ ], int len2)
{
    for ( int i = 0; i < len1; i++)
        if ( ! In( nums1[i], nums2, len2))
            std:: cout<<nums1[i]<<std:: endl;
}
```

主程序如下，程序运行输出 4 5 6。

```cpp
int main( ) {
    int nums1[ ] = {1, 2, 3};
    int nums2[ ] = {1, 2, 3, 4, 5, 6};
    ComplementarySet( nums2, 6, nums1, 3);
    return 0;
}
```

6.5　集合的交 2

给定两个集合 A、B，集合中每一个元素是一个整数集合，输出 $A \cap B$ 中元素的个数，（每一个集合中元素个数不超过 100，每一个元素包含的整数个数不超过 30）。

分析：这个题目和题目六不同的是集合中每一个元素又是一个集合。例如结合 A 中有一个元素是{1, 2, 3}，集合 B 中有一个元素是{2, 1, 3}，根据集合的定义，这两个元素是相同的。本题目另外一个需要注意的是二维数组作为函数参数时正确的写法。

程序包含三个函数，第一个函数 Same 判断两个元素是否相等。第二个函数 In 判断一个元素是否在另外一个集合中，第三个函数 Intersect 计算两个函数的交集的个数。Intersect 参数包含六个，第一个 set_1[ ][30]代表 A 集合，采用二维数组存放，每一行最多 30 个整数；len1 代表第一个集合中有多少个元素，即 100 行实际用了多少行，size_1

是一个数组，存储的是每一行 30 个元素中，实际存储了多少个元组，另外 3 个是描述集合 B。这三个函数体现了结构化程序设计的思想。分别如下。

```
bool Same(int e1[], int size_1, int e2[], int size_2) {
    bool find;
    if (size_1 ! = size_2)
        return false;

    for (int i=0; i < size_1; i++) {
        find = false;
        for (int j=0; j < size_2; j++)
            if (e1[i] = =e2[j]) {
                find = true;
                break;
            }
        if (! find)
            return false;
    }
    return true;
}


bool In(int e1[], int size1, int set_2[][30], int len2, int size_2[]) {
    for (int j=0; j < len2; j++) {
        if (Same(e1, size1, set_2[j], size_2[j])) {
            return true;
        }
    }
    return false;
}


int Intersect(int set_1[][30], int len1, int size_1[], int set_2[][30], int len2, int size_2[]) {
    int count = 0;
    for (int i=0; i < len1; i++)
        if (In(set_1[i], size_1[i], set_2, len2, size_2))
            count++;
```

```
        return count;
    }
```

主程序如下，程序运行输出 5。

```
int main( ) {
    int set_1[100][30] = {{1, 2, 3},
                          {2, 3},
                          {3, 4, 5},
                          {1},
                          {2},
                          {3},
                          {5, 6},
                          {7, 8}};
    int set_2[100][30] = {{3, 2, 1},
                          {8, 9},
                          {3, 5, 4},
                          {1, 2},
                          {3, 2},
                          {3, 13},
                          {7, 8},
                          {5, 6}};
    int len1 = 8, len2 = 8;
    int size_1[100] = {3, 2, 3, 1, 1, 1, 2, 2};
    int size_2[100] = {3, 2, 3, 2, 2, 2, 2, 2};

    int count = Intersect(set_1, len1, size_1, set_2, len2, size_2);
    std:: cout << count << std:: endl;
    return 0;
}
```

6.6　集合的并 1

有若干个整数集合，每一个集合都是连续的整数 $[a, b]$（包含 a, b，范围在 0 ~ 1000），小明需要对这些整数集合求并，请帮他写一个程序，输出并操作后，集合中元素的个数。

分析：如果把每一个区间在数轴上表示出来，那么问题就对应于合并数轴上的区间，这是一个比较复杂的问题。对于刚学习 C/C++的同学来说，如果不考虑时间复杂度，可以有一个很简单的方法。

由于题目已经说明范围在 0~1000，那么可以定一个布尔数组，元素缺省值 false。对于每一个输入区间，把所有这个区间的元素对应的布尔值设为 true，最后统计数组中值等于 true 元素个数，程序代码如下。

```
int main( ) {
    int a, b, N;
    bool bSet[1000];
    int count=0;
    std:: cin >> N;

    for (int i=0; i < 1000; i++)
        bSet[i]=false;
    for (int i=0; i < N; i++) {
        std:: cin >> a >> b;
        for (int i=a; i <=b; i++)
            bSet[i]=true;
    }
    for (int i=0; i < 1000; i++)
        if (bSet[i]) count++;

    std:: cout << count << std:: endl;
    return 0;
}
```

如果题目中没有指定数的范围，则可以使用 map 结构。对于每一个输入区间，把所有这个区间的元素插入一个 map 结构。虽然两个区间有重叠，但是重复的元素只在 map 中出现一次，最后统计 map 中元素的个数，程序代码如下。

```
#include <iostream>
#include<map>
using namespace std;
int main( ) {
    int a, b, N;
    map<int, int> set;
```

```
        map<int, int>:: iterator itr;
        int count = 0;

        std:: cin >> N;
        for (int i = 0; i < N; i++) {
            std:: cin >> a >> b;
            for (int i = a; i <= b; i++){
                itr = set. find(i);
                if( itr == set. end( ) )
                    set. insert( pair<int, int>(i, i));
            }
        }
        count = set. size( );

        std:: cout << count << std:: endl;
        return 0;
    }
```

6.7　集合的并 2

有若干个正整数集合，每一个集合都是连续的整数[a, b](包含 a, b, 范围在 0～1000)，现需要对这些整数集合求并，输出并操作后连续的区间。

分析：这道题目和前一道题目类似，最后是要输出连续区间。同样利用布尔数组表示该元素是否在最终集合中，结果如下，其中 0 代表假，1 代表真。具体操作方式就是利用双指针算法，遍历该数组，找到连续的 1。由于不需要对连续 1 区间做任何操作，所以可以只用一个指针(fast)就可以解决问题。

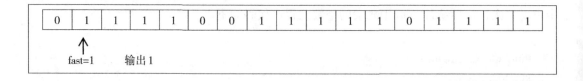

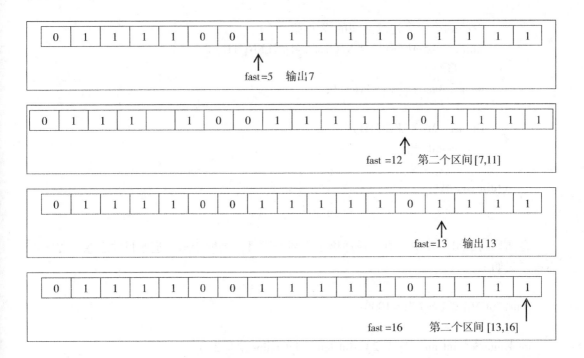

函数如下，其中 nums1 是一个二维数组，存储的输入区间[a，b]，nums2 同样是一个二维数组，存储合并后的二维区间，返回值是 nums2 二维数组中实际的行数。

```
const int MAXLENGTH = 1000;

int UnionSet(int nums1[][2], int len1, int nums2[][2]) {
    bool bSet[MAXLENGTH];
    int count = 0;
    int fast = 0;
    for (int i = 0; i < MAXLENGTH; i++)
        bSet[i] = false;

    for (int i = 0; i < len1; i++)
        for (int j = nums1[i][0]; j <= nums1[i][1]; j++)
            bSet[j] = true;

    while (fast < MAXLENGTH) {
        //找到第一个连续区间的起始值
        while ((!bSet[fast]) && (fast < MAXLENGTH))
            fast++;
        nums2[count][0] = fast;
```

```
            //找到第一个连续区间的终止值
            while ((bSet[fast]) && (fast< MAXLENGTH))
                fast++;
            nums2[count][1]=fast- 1;

            if(fast< MAXLENGTH)
                count++;
        }
        return count;
    }
```

在循环与数组一章中，有一道递增子序列的题目，借助于那一道题目的思想，程序可以改写成如下。

```
const int MAXLENGTH = 1000;

int UnionSet(int nums1[][2], int len1, int nums2[][2]) {
    bool bSet[MAXLENGTH];
    int count=0;
    for (int i=0; i < MAXLENGTH; i++)
        bSet[i]=false;

    for (int i=0; i < len1; i++)
        for (int j=nums1[i][0]; j <=nums1[i][1]; j++)
            bSet[j]=true;

    for (int fast=1; fast < MAXLENGTH; fast++) {
        if (bSet[fast] > bSet[fast - 1])
            nums2[count][0]=i;
        else if (bSet[fast] < bSet[fast - 1]) {
            nums2[count][1]=fast - 1;
            count++;
        }
    }
    return count;
}
```

主程序如下，程序运行输出两个区间[1.16]和[26, 29]，修改 nums1 数组的值，测试数据和结果如表 6-2 所示。

```
const int LENGTH = 5;
int main( ) {
    int nums1[LENGTH][2] = {{1, 3}, {2, 16}, {5, 8}, {10, 12}, {26, 29}};
    int nums2[LENGTH][2];
    int len = UnionSet(nums1, LENGTH, nums2);
    for (int i = 0; i < len; i++)
        std::cout << nums2[i][0] << "   " << nums2[i][1] << std::endl;
    return 0;
}
```

表 6-2

nums1 数组	Nums2 数组
{1, 3}, {2, 16}, {5, 8}, {20, 22}, {26, 29}	[1, 16]、[20, 22]、[26, 29]
{1, 3}, {5, 6}, {8, 9}, {20, 22}, {26, 29}	[1, 3], [5, 6], [8, 9], [20, 22], [26, 29]
{1, 4}, {5, 6}, {8, 9}, {20, 25}, {26, 29}	[1, 6], [8, 9], [20, 29]

6.8 集合的并 3

有若干个正整数集合，每一个集合都是连续的整数[a, b]（包含 a，b，范围在 0～1000），现需要对这些整数集合求并，输出并操作后连续的区间。

分析：这道题目和前面一样，如果跳出集合的角度看问题，那么就是区间合并，例如两个区间[1, 3]和[2, 6]是可以合并的，因为这两个区间有重叠，即第二个区间的第一个端点位于第一个区间中。第二种情况，区间[1, 4]和[5, 6]也是可以合并的，恰好可以合并成一个连续的区间。所以对所有的区间，首先按照区间的起始站排序，然后利用双指针技巧对数组进行遍历，在遍历的过程中合并相应的区间。

合并区间中需要注意区间第二个端点的取值，第二个端点的取值应该是所有可以合并区间的第二个端点的最大值。

假设区间是[1, 3]、[2, 4]、[5, 16]、[7, 8]、[10, 12]，区间合并过程如下：

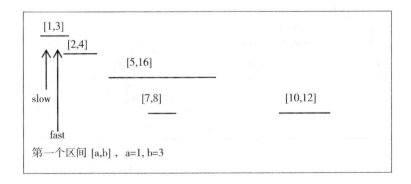

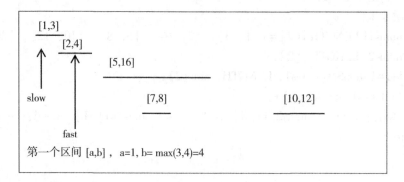

第一个区间 [a,b]，a=1, b= max(3,4)=4

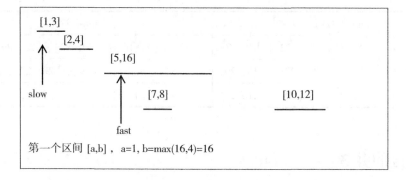

第一个区间 [a,b]，a=1, b=max(16,4)=16

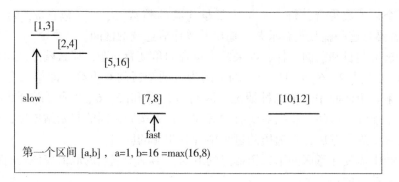

第一个区间 [a,b]，a=1, b=16 =max(16,8)

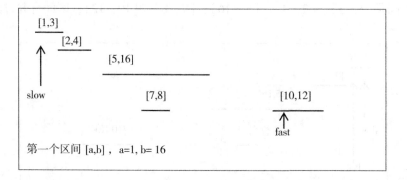

第一个区间 [a,b]，a=1, b= 16

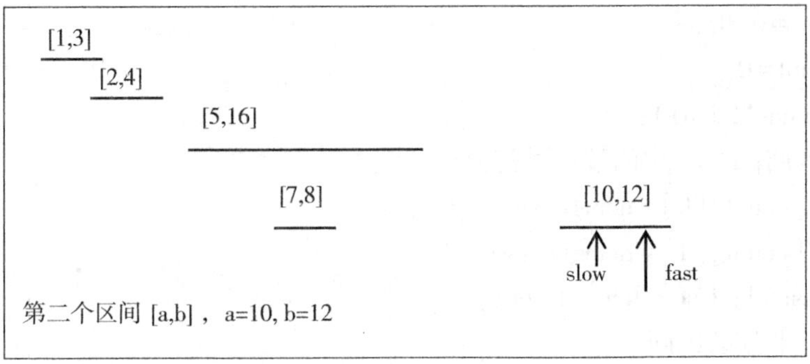

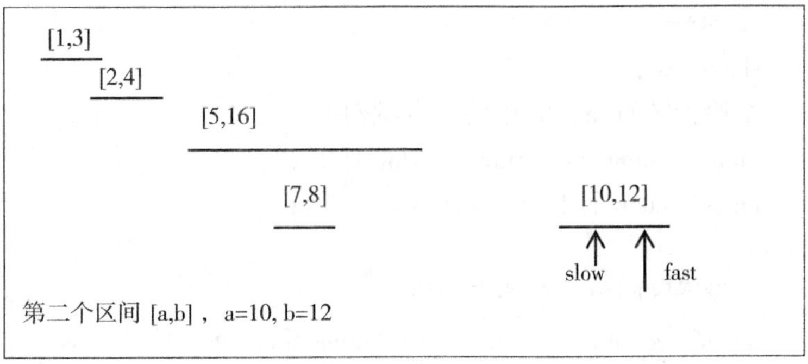

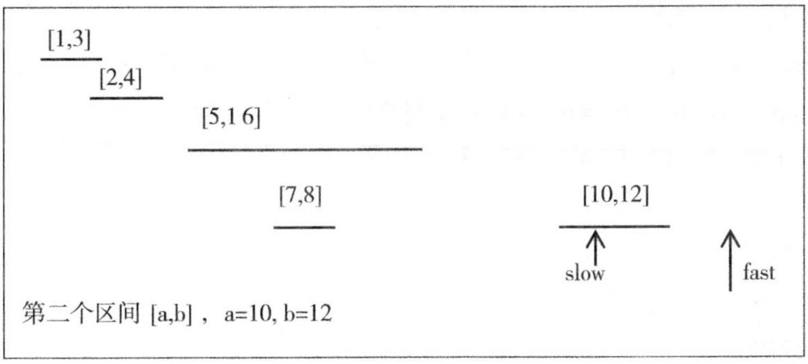

第二个区间 [a,b]，a=10, b=12

第二个区间 [a,b]，a=10, b=12

第二个区间 [a,b]，a=10, b=12

　　这几道题目类似，通过各种解法最终都可以得到答案，对于 C/C++语言初学者来说，想尽"一切办法"解决一个问题是第一步，当有一个解决方案时，便可以对该方案进行优化，甚至可以重新设计新的算法。

　　采用双指针合并区间的算法如下，同样该算法调用了前面的排序算法。程序中有一行代码如下：nums1[fast][0] > (nums2[count][1] + 1)

　　此代码的含义是当前区间的第二个端点大于已合并区间的第二个端点值+1。第一是第二个端点大于已合并区间，而不是前一个区间，第二是加 1，目的是合并恰好连续的区间。

　　主程序、测试数据集和 6.7 一样，如下。

```
int UnionSet(int nums1[ ][2], int len1, int nums2[ ][2]) {
    int slow=0, fast;
    int count=0;
    Sort(nums1, len1);
    //给区间[a, b]中的端点赋初值
    nums2[count][0]=nums1[slow][0];
    nums2[count][1]=nums1[slow][1];
    for (fast=1; fast < len1; fast++) {
        //非连续区间
        if (nums1[fast][0] > (nums2[count][1]+ 1)) {
            count++;
            slow=fast;
            //给新区间[a, b]中的端点赋初值
            nums2[count][0]=nums1[slow][0];
            nums2[count][1]=nums1[slow][1];
        } else
            //设置区间第二个端点的值
            nums2[count][1]=std::max(nums2[count][1], nums1[fast][1]);
    }
    //特殊情况处理
    if(slow==len1-1) {
        nums2[count][0]=nums1[slow][0];
        nums2[count][1]=nums1[slow][1];
    }
    count++;

    return count;
}
```

6.9　反函数 1

假设有两个集合 A、B 均为整数集合，有一个函数将集合 A 中的元素映射到集合 B 中的元素，用 (x, y) 表示，给定一个函数映射的结果，判断该函数映射是否存在反函数，存在输出 true，否则输出 false。

分析：反函数存在表明对于一个 Y 的值，有且只有一个 X 与之对应，即一个不同的 X 对应一个不同的 Y，所以只要查找有没有两个元素 $(x1, y1)$，$(x2, y2)$，满足 $y1=y2$，因此判断反函数在本题目中与 X 没有关系，代码如下。

```
bool InverseFunction( int y[ ], int len) {
    for ( int i=0; i < len − 1; i++)
        for ( int j=i + 1; j < len; j++)
            if ( y[ i] = = y[ j] ) {
                return false;
            }

    return true;
}
```

以上函数是双重循环，同样可以采用 map，使得算法只需要遍历一次，代码如下。

```
bool InverseFunction( int y[ ], int len) {
    map<int, int> function;
    map<int, int>:: iterator   itr;
    for ( int i=0; i < len; i++) {
        itr=function. find( y[ i] );
        if( itr! =function. end( ))
            return false;
        else
            function. insert( pair<int, int>( y[ i], y[ i] ));
    }
    return true;
}
```

主程序如下，程序输出 0 0，存在两个相同的 Y 值，所以不存在反函数。将数组 y 的值修改为{1, 2, 3, 4, 5, 6, 7, 8, 9, 10}，程序员输出 1 1，存在反函数。

```
const int LENGTH = 10;
int main( ) {
    int y[ LENGTH] ={1, 2, 3, 4, 5, 6, 7, 8, 9, 1};
    bool bInverse1 = InverseFunction1( y, LENGTH);
    bool bInverse2 = InverseFunction2( y, LENGTH);
        std:: cout << bInverse1<<" "<<bInverse2 << std:: endl;
    return 0;
}
```

6.10　反函数 2

假设有两个集合 A、B，集合中每一个元素又是一个整数集合，有一个函数将集合 A 中的元素映射到集合 B 中的元素，用 (a, b) 表示，给定一个函数映射的结果，判断该函数映射是否存在反函数，存在输出 true，否则输出 false。

分析：这道题目和前面的题目类似，但是对于一个 Y 值，由于是一个集合，根据集合的性质，$y1 = \{1, 2, 3\}$，$y2 = \{1, 3, 2\}$，这两个 Y 的值是一样的，程序代码如下。

```
bool Same(int a[], int b[], int len) {
    bool find;

    for (int i=0; i < len; i++) {
        find = false;
        for (int j=0; j < len; j++) {
            if (a[i] == b[j]) {
                find = true;
                break;
            }
        }
        if (! find)
            return false;  //如果 a[i]不在 b 中，两个集合肯定不相等。
    }
    return true;
}


bool InverseFunction1(int y[][20], int len, int size[]) {
    for (int i=0; i < len - 1; i++) {
        for (int j=i + 1; j < len; j++)
            if (size[i] == size[j]) {
                if (Same(*(y+i), *(y+j), size[i]))
                    return false;
            }
    }
    return true;
}
```

函数 InverseFunction 是判根据 y 的取值断是否存在反函数。len 参数是二维数组 y 的行数，size 是二维数组 y 每一行实际包含的元素个数。函数 Same 是判断两个数组对应的集合是否相等。整个函数其实是一个四重循环。Same 函数调用中 $*(y+i)$ 含义是第 i 行数组的首地址。

在比较两个数组对应的集合是否相等时，可以采用 map 结构，具体程序如下。

```
bool Same(map<int, int> * p1, map<int, int> * p2){
    map<int, int>:: iterator itr;
    for (itr=p1->begin(); itr ! =p1->end(); ++itr){
        if (p2->find(itr->first)= =p2->end())//没有找到该元素
            return false;
    }
    return true;
}


bool InverseFunction2(int y[ ][20], int len, int size[ ]){
    //将 Y 的值存储到 map 数组
    map<int, int> set[len];
    for(int i=0; i<len; i++){
        for(int j=0; j<size[i]; j++)
            set[i]. insert(pair<int, int>(y[i][j], y[i][j]));
    }
    //判断 Y 是否重复
    for (int i=0; i < len - 1; i++){
        for (int j=i + 1; j < len; j++)
            if (size[i]= =size[j]){
                if (Same(set+i, set+j))
                    return false;
            }
    }
    return true;
}
```

InverseFunction 函数将二维数组用一个 map 数组保存。Same 函数形式参数 p1 是指向 map 的一个指针。在调用 Same 函数时传递的实参是 $set+i$ 和 $set+j$。set 是数组名，同时也是数组首地址，$set+i$ 代表第 i 个元素的地址。

主程序如下，程序输出 0 0，集合{1, 2, 3}和{2, 1, 3}相同，即存在两个相同的 y 值，所以不存在反函数，将数组 y 修改为{{1, 2, 3}, {2, 3}, {1}, {2}, {2, 1, 4}}，程序运行输出 1 1，存在反函数。

```
const int LENGTH = 5;
int main( ) {
    int y[100][20] = {{1, 2, 3}, {2, 3}, {1}, {2}, {2, 1, 3}};
    int size[100] = {3, 2, 1, 1, 3};
    bool bInverse1 = InverseFunction1(y, LENGTH, size);
    bool bInverse2 = InverseFunction2(y, LENGTH, size);
    std:: cout << bInverse1<<" "<<bInverse2<< std:: endl;
    return 0;
}
```

6.11 自反关系 1

给定一个整数集合 A，以及在 A 上的一个关系 R，判断 R 是否满足自反关系。

分析：根据自反关系的定义，A 中任意一个元素 a，(a, a) 一定在关系 R 中，所以可以采用两重循环来判断。程序如下，其中数组 a 代表集合 A，len1 是数组的长度；二维数组 R 用来存储关系，len2 是二维数组的行数。

```
bool Reflexive(int a[], int len1, int R[][2], int len2) {
    bool find = false;
    for (int i = 0; i < len1; i++) {
        find = false;
        for (int j = 0; j < len2; j++) {
            if ((a[i] == R[j][0]) && (R[j][0] == R[j][1])) {
                find = true;
                break;
            }
        }
        //如果(a[i], a[i])不在 R 中
        if (! find)
            return false;
    }
    return true;
}
```

当然这道题目最简单的方法是直接遍历关系 R，统计 $R[i][0] == R[i][1]$ 的个数，如果等于集合 A 中元素的总数，则是自反关系。程序如下。

```
bool Reflexive(int len1, int R[][2], int len2) {
    int count=0;
    for (int j=0; j < len2; j++) {
        if (R[j][0]==R[j][1])
            count++;
    }
    return count==len1;
}
```

主程序如下，程序输出 1 1，是自反关系。将 R 中{8，8}修改为{8，9}，程序输出 0 0，不是自反关系。

```
const int COUNT=8;
const int LENGTH=10;
int main() {
    int a[COUNT]={1, 2, 3, 5, 7, 8, 9, 10};
    int R[50][2]={{1,   1},
                  {2,   2},
                  {3,   3},
                  {3,   5},
                  {5,   8},
                  {5,   5},
                  {7,   7},
                  {8,   8},
                  {9,   9},
                  {10, 10}};
    bool bReflexive1=Reflexive(a, COUNT, R, LENGTH);
    bool bReflexive2=Reflexive(R, LENGTH);
    std:: cout << bReflexive1<<" "<<bReflexive2 << std:: endl;
    return 0;
}
```

6.12 自反关系 2

已知一个整数集合 A，在 A 上有一个整数关系 R，A 的具体值不知道，但是 A 中每一个元素均在关系 R 中出现，判断 R 是否满足自反关系。

分析：这个题目的难点在于 A 的具体值不知道，所以需要遍历关系 R，构造出集合 A

179

的值。这个题目可以一边遍历关系 R，将(a, b)中 a 的值存到一个 map 集合中，一边统计$R[i][0] == R[i][1]$的总数，如果该值等于 map 中元素的个数，那么是自反关系，程序如下。

```cpp
bool Reflexive(int R[][2], int len) {
    int count = 0;
    map<int, int> set;
    map<int, int>:: iterator itr;
    for (int i = 0; i < len; i++) {
        if (R[i][0] == R[i][1])
            count++;
        itr = set.find(R[i][0]);
        if(itr == set.end())
            set.insert(pair<int, int>(R[i][0], R[i][0]));

        itr = set.find(R[i][1]);
        if(itr == set.end())
            set.insert(pair<int, int>(R[i][1], R[i][1]));
    }
    return count == set.size();
}
```

主程序如下，程序输出 0 , 不是自反关系。

```cpp
const int LENGTH = 10;
int main() {
    int R[LENGTH][2] = {{1, 1},
                        {2, 2},
                        {3, 3},
                        {3, 5},
                        {5, 8},
                        {5, 5},
                        {7, 7},
                        {8, 9},
                        {9, 9},
                        {10, 10}};
    bool bReflexive = Reflexive(R, LENGTH);
    std:: cout << bReflexive << std:: endl;
```

```
        return 0;
    }
```

6.13 自反关系3

假设有一个集合 A，集合中的每一个元素又是一个集合(不超过 10 个元素)，全是整数。已知 A 上的一个关系 R(假设不超过 500 行)，A 中每一个元素均在 R 中已经出现，判断该关系是否满足自反关系。

分析：对于关系 R，有一个实例

$R=\{(\{1, 2, 3\}, \{2\}), (\{1, 2\}, \{2\}), (\{3\}, \{2\}), (\{2, 3\}, \{2\}), (\{3, 1, 2\}, \{1, 3, 2\}), (\{1, 2\}, \{2, 1\}), (\{2, 3\}, \{3, 2\}), (\{2\}, \{2\}), (\{3\}, \{3\})\}$。

分析得到可以采用一个三维数组来存储 $R[2][500][10]$，其中 $R[0][][]$ 代表 a，$R[1][][]$ 代表 b。这道题目有两个难点，第一是得到集合 A 中的元素，比如($\{1, 2, 3\}$，$\{2\}$)和($\{3, 1, 2\}$，$\{1, 3, 2\}$)中 a 的值应该是一样的，虽然顺序不同；其次($\{3, 1, 2\}$，$\{1, 3, 2\}$)中有 $a=b$，函数如下。

```
//判断集合 A 中两个元素相同，这两个元素是一个整数集合
bool Same( map<int, int> * p, int a[ ], int len) {
    map<int, int>:: iterator itr;
    if( p->size( )! =len)
        return false;

    for ( int i=0; i < len; i++) {
        itr=p->find( a[i]);
        if ( itr= =p->end( ))
            return false;
    }
    return true;
}

//判断是否( a, a)
bool Same( int a[ ], int b[ ], int len) {
    map<int, int> set;
    map<int, int>:: iterator itr;
    for ( int i=0; i < len; i++)
        set. insert( pair<int, int>( b[i], b[i]));
```

```
        for ( int i=0; i < len; i++) {
            itr=set. find( a[ i ]) ;
            if ( itr= =set. end( ) )
                return false;
        }
        return true;
    }


    void addElement( vector<map<int, int> * > * pSet, int a[ ], int len) {
        map<int, int> * pElement;
        //该元素在 A 中出现, 则直接返回
        for ( int i=0; i < pSet->size( ) ; i++) {
            pElement=pSet->at( i) ;
            if ( Same( pElement, a, len) )
                return;
        }
        //没有出现, 添加到集合 A
        pElement=new map<int, int>( ) ;
        for ( int i=0; i < len; i++)
            pElement->insert( pair<int, int>( a[ i ], a[ i ]) ) ;
        pSet->insert( pSet->end( ), pElement) ;
    }


    bool Reflexive( int R[ ][ 100][ 10], int len, int a_size[ ], int b_size[ ]) {
        int count=0;
        vector<map<int, int> * > * pSet;
        map<int, int> * pElement;
        pSet=new vector<map<int, int> * >( ) ;
        bool bReflexive;
        for ( int i=0; i < len; i++) {
            addElement( pSet, R[ 0][ i ], a_size[ i ]) ;
            if ( a_size[ i ]= =b_size[ i ])
                if ( Same( R[ 0][ i ], R[ 1][ i ], a_size[ i ]) )
                    count++;
        }

        if( count= =pSet->size( ) )
```

```
        bReflexive = true;
    else
        bReflexive = false;

    //释放内存
    for (int i = pSet->size()-1; i >= 0; i--) {
        pElement = pSet->at(i);
        delete pElement;
    }
    delete pSet;

    return bReflexive;
}
```

主函数是 Reflexive，*R* 是一个三维数组，a_size[i] 存储 R[0][i] 数组中元素的个数，同样 b_size[i] 存储 R[1][i] 数组中元素的个数。len 参数表示关系(a，b)的个数，R[0]这个二维数组有多少行，显然是等于 R[1] 的行数。算法的思路和前面一题基本一致。

addElement 函数建立集合 *A*，还有两个 Same 函数，对应的含义已经在代码中说明。

这几个程序使用了三维数组，map 和 vector 模板类；使用了指针，动态分配对象，最后还要释放。

主程序如下，程序输出 0，不是自反关系。

```
int main() {
    int R[2][100][10] =
            {{{1, 2, 3}, {1, 2}, {3}, {2, 3}, {3, 1, 2}, {1, 2}, {2, 3}, {2},
{3}},
            {{2},      {2},    {2}, {2},    {1, 3, 2}, {2, 1}, {3, 2}, {2},
{7}}};
    int N = 9;
    int a_size[100] = {3, 2, 1, 2, 3, 2, 2, 1, 1};
    int b_size[100] = {1, 1, 1, 1, 3, 2, 2, 1, 1};
    bool bReflexive = Reflexive(R, N, a_size, b_size);
    std::cout << bReflexive << std::endl;
    return 0;
}
```

6.14   传递关系 1

定一个正整数集合 A(最大值不超过 100)以及 A 上的一个关系 R,判断该关系是否传递关系。

分析:在离散数学中,如果 aRb,bRc,必有 aRc,那么关系满足传递性。显然最简单的方法是选择一个(a, b)对,再对余下的关系中查找有没有(b, c),如果有,判断(a, c)是不是在里面。这是一个三重循环,函数如下。

```
bool Transitivity(int R[][2], int len){
    bool find;
    for(int i=0; i<len; i++){
        for(int j=0; j<len; j++){
            if(R[i][1]==R[j][0]){
                find=false;
                for(int k=0; k<len; k++){
                    if((R[k][0]==R[i][0])&&(R[k][1]==R[j][1])){
                        find=true;
                        break;
                    }
                }
                if(! find)
                    return false;
            }
        }
    }
    return true;
}
```

假设正整数的最大值是 100,R 是在 A 上的笛卡儿积,所以关系 R 中有 10000 个(a, b)对。采用三种循环,判断 R 是否满足传递性,需要用时 6.17 秒(Mac Book M1 Pro)。这个时间有点长。

如果采用 map 但是根据传递性的特点,我们可以定义如下数组:

map<int, int>adj[101],数组中每一个元素是一个散列结构,对于一个(a, b)我们将 b 存储在 adj[a]散列中。以 R={(1, 2), (1, 3), (2, 3), (3, 4), (1, 4), (3, 3), (2, 4)}为例,存储结果如图 6-1。

再次遍历关系 R,对于(a, b),如果 adj[b]不为空,对于 adj[b]散列结构中的任意一个元素,判断是否被 adj[a]包含。函数如下。同样的设置程序运行需要 0.17 秒,整整

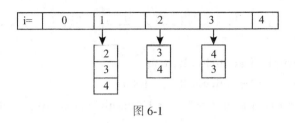

图 6-1

比三重循环快了将近 40 倍，散列是一个很高效的数据结构，散列结构的作用就是可以将一个离散的值转化为连续的整数。

```cpp
bool Transitivity(int R[][2], int len, int N) {
    int b;
    map<int, int>:: iterator itr1, itr2;
    map<int, int> adj[N + 1];
    for (int i=0; i < len; i++)
        adj[R[i][0]]. insert(pair<int, int>(R[i][1], R[i][1]));

    for (int i=1; i <=N; i++)
        if (adj[i]. size() ! =0) {
            //遍历(i, b)
            for (itr1=adj[i]. begin(); itr1 ! =adj[i]. end(); itr1++) {
                b=itr1->first;
                if (adj[b]. size() > 0) {
                    //遍历((b, j)
                    for (itr2=adj[b]. begin(); itr2 ! =adj[b]. end(); itr2++) {
                        //判断(i, j)是否存在
                        if (adj[i]. find(itr2->first)= = adj[i]. end())
                            return false;
                    }
                }
            }
        }
    return true;
}
```

主程序如下，程序运算输出结果为 0，不是传递关系，如果将 R 中增加一个{2, 4}，那么将是传递关系。

```
int main( ) {
    int R[10000][2] = {{1, 2}, {1, 3}, {2, 3}, {3, 4}, {3, 3}, {1, 4}};

    bool bTransitivity1 = Transitivity(R, 6);
    bool bTransitivity2 = Transitivity(R, 6, 100);
    std:: cout << bTransitivity1 << " " << bTransitivity2 << std:: endl;
    return 0;
}
```

6.15　传递关系 2

给定一个整数集合 A，以及在 A 上的整数关系 R，请补充最小的元组数，使之成为传递关系。

分析：在离散数学中，如果 aRb，bRc，必有 aRc，那么关系满足传递性。显然最简单的方法是选择一个 (a, b) 对，再对余下的关系中查找有没有 (b, c)，如果没有，将 (a, c) 加入关系，加入后会引起更多的连锁反应，下表显示了补全的过程。例如 $R = \{(1, 2)$，$(1, 3)$，$(1, 7)$，$(2, 1)$，$(4, 6)$，$(5, 7)$，$(6, 2)$，$(6, 7)\}$，满足传递性后，关系 R 变成如表 6-3 所示。

$R = \{(1, 1)$，$(1, 2)$，$(1, 3)$，$(1, 7)$，$(2, 1)$，$(2, 2)$，$(2, 3)$，$(2, 7)$，$(4, 1)$，$(4, 2)$，$(4, 3)$，$(4, 6)$，$(4, 7)$，$(5, 7)$，$(6, 1)$，$(6, 2)$，$(6, 3)$，$(6, 7)\}$。

表 6-3

初始	(1, 2) (1, 3) (1, 7) (2, 1) (4, 6) (5, 7) (6, 2) (6, 7)
第 1 步	(1, 1) (2, 2) (2, 3) (2, 7) (4, 2) (4, 7) (6, 1)
第 2 步	(4, 1) (6, 3) (6, 2)

可以发现不是一步就能将关系变成传递关系，可能需要多步。因此需要不断调用上一道题目的函数，去判断是否满足传递性，函数如下。

```
int Transitivity(int R[][2], int len, int N) {
    int b;
    int count = 0;
    map<int, int>:: iterator itr1, itr2;
    map<int, int> adj[N + 1];
    for (int i = 0; i < len; i++)
```

```
            adj[R[i][0]].insert(pair<int, int>(R[i][1], R[i][1]));

    while (! Transitivity(adj, N)) {
        for (int i=1; i <=N; i++) {
            if (adj[i].size() ! =0) {
                //遍历(i, m)
                for (itr1=adj[i].begin(); itr1 ! =adj[i].end(); itr1++) {
                    b=itr1->first;
                    if (adj[b].size() > 0) {
                        //遍历((m, j)
                        for (itr2=adj[b].begin(); itr2 ! =adj[b].end(); itr2++) {
                            //判断(i, j)是否存在
                            if (adj[i].find(itr2->first)= =adj[i].end())
                                adj[i].insert(pair<int, int>(itr2->first, itr2->
first));
                        }
                    }
                }
            }
        }
        for(int i=1; i<=N; i++){
            for (itr1=adj[i].begin(); itr1 ! =adj[i].end(); itr1++) {
                R[count][0]=i;
                R[count][1]=itr1->first;
                count++;
            }
        }
    }
    return count;
}
```

主程序如下，程序输出18，结果如下，18代表关系中共有18对<a, b>，第二行代表 a，第三行代表 b。

```
int main() {
    int count ;
    int R[10000][2]={{1, 2}, {1, 3}, {1, 7}, {2, 1}, {4, 6}, {5, 7}, {6,
2}, {6, 7}};
```

```
count=Transitivity(R, 8, 100);
std∷ cout<<count<<std∷ endl;
for(int i=0; i<count; i++){
    std∷ cout<<R[i][0]<<" "<<R[i][1]<<std∷ endl;
}
return 0;
}
```

```
18
a  1  1  1  1  2  2  2  2  4  4  4  4  4  5  6  6  6  6
b  1  2  3  7  1  2  3  7  1  2  3  6  7  7  1  2  3  7  |
```

第7章　贪心算法设计

7.1　资源分配 1

排序是计算机领域最常见的操作，现有一个海量的数据需要排序，在一台电脑上难以完成。实验室有许多空闲旧电脑，可以将数据分成相应的份数，利用这些旧的计算机。需要排序的数据量为 quantity，单位为 M，每一台计算机的可用内存也大小不一，每台计算机的内存存储在数组 men 中，单位为 M。按照每台计算机内存的大小，将数据量进行分割，输出最多需要多少台计算机可以完成排序任务。

分析：最多需要多少，最少需要多少，这些都可以采用贪心策略来完成，贪心算法的思想比较简单，但并不一定可以得到最优解，但是当程序很难获得最优解时，贪心策略往往是最好的办法。这道题目最多需要多少台计算机，显然利用内存越少的计算机，那么需要的台数就越多，所以，可以对计算机的内存按照从小到大排序，然后累加所有的内存，直到内存的总量刚好大于需要排序的数据大小，函数如下。

```cpp
const int NOT_ENOUGH = -1;
int MaxComputer(int quantity, int mem[], int len) {
    std::sort(mem, mem+len);
    int total = 0;
    for(int i = 0; i<len; i++) {
        total += mem[i];
        if(total >= quantity)
            return i+1;
    }
    return NOT_ENOUGH;
}
```

同样，如果题目的问题最少需要多少台旧计算机，那么尽量地分配内存大的计算机，函数如下。

```cpp
int MinComputer(int quantity, int mem[], int len) {
    std::sort(mem, mem+len);
    int total = 0;
```

```
for( int i=len-1; i>=0; i--){
    total+=mem[i];
    if( total>=quantity)
        return len-i;
}
return NOT_ENOUGH;
}
```

主程序如下，程序输出 2 7；至少需要两台计算机，至多需要 7 台。

```
const int LENGTH=10;
int main( ) {
    int mem[LENGTH]={1, 3, 5, 8, 9, 12, 13, 23, 8, 4};
    int quantity=30;
    int minNumber=MinComputer(quantity, mem, LENGTH);
    int maxNumber=MaxComputer(quantity, mem, LENGTH);
    std:: cout << minNumber<<" "<<maxNumber << std:: endl;
    return 0;
}
```

7.2 资源分配 2

排序是计算机领域最常见的操作，现有一个巨量的数据需要排序，在一台电脑上难以完成。实验室有许多空闲旧电脑，可以将数据分成相应的份数，利用这些旧的计算机。每一份的数据量大小不一，存储在数组 data 中，单位为 M，每一台计算机的可用内存也大小不一，每台计算机的内存打下存储在数组 men 中，输出最多有多少台计算可以完成排序任务。

分析：尽可能地让每一台计算机都能完成排序任务，那么显然最大的内存分配给数据量最大的排序，如果最大的数据不能满足，那么分配给次最大的数据，所以需要对计算机的内存和数据量的大小进行排序，然后两两比较。本题的贪心思想主要体现在将内存最大的计算机优先满足数据量最大的排序。算法演示如下：

data	1	5	9	8	3	23	13	12

mem	9	8	7	5	12	13	9	3

初始

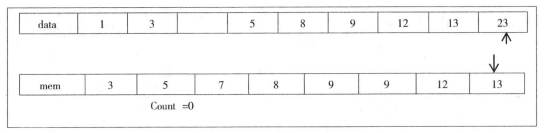

排序

data	1	3	5	8	9	12	13	23

mem	3	5	7	8	9	9	12	13

Count =1

分配

data	1	3	5	8	9	12	13	23

mem	3	5	7	8	9	9	12	13

Count =2

data	1	3	5	8	9	12	13	23

mem	3	5	7	8	9	9	12	13

Count =3

data	1	3	5	8	9	12	13	23

mem	3	5	7	8	9	9	12	13

Count =4

data	1	3	5	8	9	12	13	23

↑

↓

mem	3	5	7	8	9	9	12	13

Count =5

data	1	3	5	8	9	12	13	23

↑

↓

m em	3	5	7	8	9	9	12	13

Count =6

data	1	3	5	8	9	12	13	23

↑

↓

mem	3	5	7	8	9	9	12	13

Count =7

  函数如下，这里对内存和数据按照从大到小排序，内存大的尽量满足大的数据，体现了贪心思想。

```
int Allocate(int data[], int mem[], int len) {
    std::sort(mem, mem + len);
    std::sort(data, data + len);
    int i=len - 1;
    int j=len - 1;
    int count=0;
    while ((i >=0) && (j >=0)) {
        if (mem[i] >=data[j]) {
            count++;
            i--;
            j--;
        } else
```

```
            j--;
        }
    return count;
}
```

主程序如下，程序运行结果输出 4，修改 mem 和 data 的值，测试数据和结果如表 7-1 所示。

```
const int LENGTH = 5;
int main() {
    int mem[LENGTH] = {1, 3, 5, 8, 9};
    int data[LENGTH] = {2, 3, 7, 8, 9};
    int count = Allocate(data, mem, LENGTH);
    std::cout << count << std::endl;
    return 0;
}
```

表 7-1

mem	data	count
{1, 3, 5, 8, 9}	{11, 13, 15, 1 8, 19}	0
{11, 13, 15, 18, 19}	{1, 3, 5, 8, 9}	5
{11, 13, 15, 18, 19}	{20, 11, 21, 13, 7}	3

7.3 资源分配 3

排序是计算机领域最常见的操作，现有一个海量的数据需要排序，在一台电脑上难以完成。实验室有许多空闲旧电脑，总共有 N 台，可以将数据分成相应的份数，利用这些旧的计算机。需要排序的数据量为 quantity，单位为 M，每一台计算机的可用内存也大小不一，每台计算机的内存存储在数组 men 中，单位为 M。按照每台计算机内存的大小，将数据进行分割，在挑选计算机的过程中，尽量浪费内存最少，输出需要的计算机台数。

分析：尽量浪费内存最少，那么最理想的情况下不浪费内存，那么问题就对应于从 N 台中挑选 L 个数，使它们的和等于 quantity，那么总的可能数如下，显然不太可行。

$$Solution = \sum_{i=1}^{N} C_N^i = 2^N - 1$$

尽量少的含义是几个数相加使得和刚好超过 quantity，根据 5.3 滑动窗口算法的思想，可以找到一种方法。将计算机的内存从小到大进行排序，然后计算连续 K 个数的和 sum，找到使下面条件成立的数。

$$\min(sum-quantity),\ sum>quantity$$

将 5.3 的算法进行改造，保留两个值，第一个是指针，指向窗口的起始位置，第二个是差值最小，当然可以对资源数组排序，也可以不排序，这个贪心算法是不能保证得到最优解的。如下。

```
int MinComputer(int mem[], int len, int quantity, int& start) {
    int slow=0;
    int fast=0;
    int sum=0;
    int minLen=0;
    int diff=INT_MAX;

    while (fast < len) {
        sum +=mem[fast];

        while (sum >=quantity) {
            if(diff>(sum-quantity)){
                minLen=fast-slow+1;
                diff=sum-quantity;
                start=slow;
            }
            else if(diff==(sum-quantity)){
                if(minLen>(fast-slow+1)){
                    minLen=fast-slow+1;
                    start=slow;
                }
            }
            sum -=mem[slow];
            slow++;
        }
        fast++;
    }
    return minLen;
}
```

主程序如下，程序输出 3 4，至少需要 3 台计算机内存分别为：19、20、11。

修改 quantity 的值，测试数据和测试结果如表 7-2 所示。

```
onst int LENGTH = 10;
int main( ) {
    int start;
    int quantuity = 50;
    int mem[LENGTH] = { 11, 13, 15, 18, 19, 20, 11, 21, 13, 7};
    int count = MinComputer(mem, LENGTH, quantuity, start);
    std:: cout << count << " " <<start<<std:: endl;
    return 0;
}
```

表 7-2

quantity	10	39	69	149	148	147
count	1	2	4	0	10	10
start	0	4	4	−1	0	0

7.4 最少硬币数 1

小明买一台冰箱，付钱后，营业员需要找给小明 17 元零钱，人民币零钱的面值是 10 元，5 元，2 元，1 元，请问营业员最少给小明多少张人民币？

分析：需要找零的人民币张数越少，那么显然希望面值大的越多越好。例如 17 元，所以需要 1 张 10 元，1 张 5 元，1 张 2 元的。基本过程是先用总额除以 10，商是 10 面值的张数，余数再用其余的面值进行换算。这道题目的贪心思想是从面额最大的开始计算，程序如下，其中 base 数组从大到小存放的人民币面值的数。

```
int Exchange(int price, int base[], int len){
    int count = 0;
    int remainder, quotient;
    for(int i = 0; i<len; i++)
    {
        count+ = price/base[i];
        if( price%base[i] == 0)
            break;
        else
            price = price%base[i];
    }
```

```
        return count;
    }
```

主程序如下，程序运行输出 3。将人民币的面值数组改为{100，50，20，10，5，2，1}，改为修改 amount 的值，测试数据和结果如表 7-3 所示。

```
const int LENGTH = 4;
int main( ) {
    int base[ LENGTH ] = {10, 5, 2, 1};
    int amount = 17;
    int count = Exchange(amount, base, LENGTH);
    std::cout << count << std::endl;
    return 0;
}
```

表 7-3

amount	100	50	20	10	5	2	1	39	19999	9999
count	1	1	1	1	1	1	1	5	205	105

7.5　田忌赛马

　　田忌与齐王赛马，他们有 N 匹马(N<100)，已知每匹马的速度，田忌赢一场得 200，输一场扣 200，平局不赚不扣，求最高赚多少？

　　分析：这是成语故事田忌赛马的扩展，按照田忌的策略，将其最慢的马和齐王最快的马进行比赛，倒数第二慢的马和齐王次快的马进行比赛，以此类推。从算法的角度来看，将田忌马的速度从小到大排序，齐王马的速度从大到小进行排序，然后两两按序比较，程序如下。这道题目田忌用最慢的马和齐王最快的马比赛体现了贪心的思想。

```
int Race(int tian[ ], int king[ ], int len) {
    int count = 0;
    std::sort(tian, tian + len);
    std::sort(king, king + len);

    for (int i = 0; i < len; ++i) {
        if (tian[len - 1 - i] > king[i])
```

```
            count++;
        else if (tian[len − 1 − i] < king[i])
            count−−;
    }
    return count;
}
```

主程序如下，输入 20，程序中随机生成两人马的速度，结果如下图。

```
int main( ) {
    int N;
    int tian[500];
    int king[500];
    std::cin >> N;
    int count = 0;
    for (int i = 0; i < N; i++) {
        king[i] = rand( ) % 100 + 1;
        tian[i] = rand( ) % 100 + 1;
    }

    count = Race(tian, king, N);
    for (int i = 0; i < N; i++) {
        std::cout.width(2);
        std::cout << tian[N − 1 − i] << " ";
    }
    std::cout << std::endl;

    for (int i = 0; i < N; i++) {
        std::cout.width(2);
        std::cout << king[i] << " ";
    }
    std::cout << std::endl;

    std::cout << count << std::endl;
    return 0;
}
```

20

| 79 | 79 | 73 | 70 | 68 | 66 | 59 | 58 | 50 | 50 | 43 | 36 | 34 | 34 | 30 | 27 | 22 | 13 | 10 | 4 |
| 4 | 8 | 10 | 11 | 13 | 17 | 24 | 28 | 31 | 41 | 41 | 45 | 61 | 74 | 80 | 80 | 88 | 93 | 98 | 100 |

2

7.6　删除数字 1

键盘输入一个高精度的正整数 a_n（$n \leqslant 240$ 位），去掉其中任意 s 个数字后剩下的数字按原左右次序将组成一个新的正整数。编程对给定的 n 和 s，寻找一种方案，使得剩下的数字组成的新数最小。

分析：本题比较抽象，对于抽象的题目可以通过若干个例子观察一下规律。比如79863，删除一个数字，使新的数最小，可以返现删除 9。9 这个数有什么规律，它是大于左边和右边的数字。如果需要删除两个数字，第一次删除 9 得到 7863，第二次删除 8，得到 763，同样 8 是大于左边和右边的数字。如果要删除三个则是删除 9，8，7 得到 63。新的数最小，那么首先是最高位要尽可能的小。删掉的数尽可能的大，那么把每一个数字看成位置的函数 ai=h(i)，找到这个函数的第一个极大值，将它删去就可以了。对应的函数如下。

```
void RestMin(int nums[ ], int len, int K){
    int nIdx;
    for (int i=0; i < K; i++) {
        nIdx=0;
        //找到第一个不为-1的数，-1代表该数字被删除
        while (nums[nIdx]==-1)
            nIdx++;
        //
        for (int j=nIdx + 1; j < len; j++)
        {
            if(nums[j]>=0){
                if (nums[j] < nums[nIdx]) {
                    break;
                } else
                    nIdx=j;
            }
        }
        nums[nIdx]=-1;
    }
}
```

主程序如下，程序运行输出 1288443，修改 K 值和 nums 数组，测试数据和结果如表 7-4 所示。

```
const int LENGTH = 10;
int main( ) {
    int K = 3;
    int nums[LENGTH] = {6, 1, 7, 4, 2, 8, 8, 4, 4, 3};
    RestMin(nums, LENGTH, K);
    for (int i = 0; i < LENGTH; i++)
        if (nums[i] > -1)
            std::cout << nums[i];

    return 0;
}
```

表 7-4

nums 数组	K 值	结果
{6, 1, 7, 4, 2, 8, 8, 4, 4, 3}	4	128443
{6, 1, 7, 4, 2, 8, 8, 4, 4, 3}	5	12443
{1, 2, 3, 4, 5, 6, 7, 8, 9, 0}	5	12340
{1, 2, 3, 4, 5, 0, 0, 8, 9, 1}	6	0081

7.7 删除数字 2

键盘输入一个高精度的正整数 $an(n \leqslant 100$ 位)，去掉其中任意 s 个数字后剩下的数字按原左右次序将组成一个新的正整数。编程对给定的 n 和 s，寻找一种方案，使得剩下的数字组成的新数最大。

分析：这道题目和前一道题目正好相反，比如 79863，删除一个数字，使新的数最大，可以发现删除 7。如果需要删除两个数字，第一次删除 7 得到 9863，第二次删除 3，得到 986。如果要删除三个则是删除 7，3，6 得到 98。新的数最大，那么首先是最高位要尽可能的大。删掉的数尽可能的小，那么把每一个数字看成是位置的函数，那么需要删除的是第一个极小值的点。对应的函数如下。

```
void RestMin( int nums[ ], int len, int K){
    int nIdx;
    for (int i=0; i < K; i++) {
        nIdx=0;
        //找到第一个不为-1的数，-1代表该数字被删除
        while (nums[nIdx]==-1)
            nIdx++;
        //
        for (int j=nIdx + 1; j < len; j++)
        {
            if( nums[j]>=0){
                if (nums[j] < nums[nIdx]) {
                    break;
                } else
                    nIdx=j;
            }
        }
        nums[nIdx]=-1;
    }
}
```

主程序如下，程序运行输出 9876，修改 K 值和 nums 数组，测试数据和结果如表 7-5 所示。

```
const int LENGTH=10;
int main( ) {
    int K=6;
    int nums[LENGTH]={9, 8, 7, 6, 5, 4, 3, 2, 1, 1};
    RestMax(nums, LENGTH, K);
    for (int i=0; i < LENGTH; i++)
        if (nums[i] > -1)
            std:: cout << nums[i];


    return 0;
}
```

表 7-5

nums 数组	K 值	结果
{6, 1, 7, 4, 2, 8, 8, 4, 4, 3}	4	788443
{6, 1, 7, 4, 2, 8, 8, 4, 4, 3}	5	88443
{1, 2, 3, 4, 5, 6, 7, 8, 9, 0}	5	67890
{1, 2, 3, 4, 5, 0, 0, 8, 9, 1}	6	5891

7.8 最小面试费用

某公司计划在广州和北京面试 $2N$ 人。第 i 人飞往广州的机票价格等于 costs[i][0]，飞往北京市的机票价格为 costs[i][1]。广州和北京必须各面试 N 个人，求这次面试最低的机票总费用。

分析：机票总费用低，对于第 i 个人如果 costs[i][0]<costs[i][1]，显然希望他去北京面试，但是每个地方又必须面试 N 个人，所以可以假设所有的人都先去广州，这时总费用是一定的，然后从中选择 N 个人去北京，去北京原则是节省的机票费用最高。总费用减去节省费用最高的 N 个人。算法的角度就是对 costs[i][0]-costs[i][1] 的结果从大到小排序，选择前 N 个人。本题贪心思想主要体现在每次都减掉去广州和去北京花费相差最大的值。本程序定义了一个费用类 Fee，在该类中重载了赋值运算符=。如下所示。

```cpp
class Fee {
private:
    int m_nGZ;
    int m_nBJ;
public:
    Fee( );
public:
    Fee operator = ( Fee e ) ;
    void SetFee( int nGZ, int nBJ ) ;
    int GetBJ( ){
        return m_nBJ;
    }
    int GetGZ( ){
        return m_nGZ;
    }
};
```

```
Fee∷Fee( ) {
}


void Fee∷SetFee(int nGZ, int nBJ) {
    m_nGZ＝nGZ;
    m_nBJ＝nBJ;
}


Fee Fee∷operator＝(Fee e) {
    this->m_nGZ＝e.m_nGZ;
    this->m_nBJ＝e.m_nBJ;
}
```

函数 MinFee 是计算最小费用,其中 arr 是 Fei 类型的数组,len 是长度,也就是总人数。

```
int MinFee(Fee arr[ ], int len) {
    int minCost＝0;
    Fee e;
    int nIdx;
    for (int i＝0; i < len − 1; i++) {
        nIdx＝i;
        //假设大家都去北京,计算费用差,降序排序。
        for (int j＝i + 1; j < len; j++)
            if ((arr[j].GetBJ( )−arr[j].GetGZ( )) > (arr[nIdx].GetBJ( )−arr[nIdx].GetGZ( )))
                nIdx＝j;

        e＝arr[nIdx];
        arr[nIdx]＝arr[i];
        arr[i]＝e;
    }

    for(int i＝0; i<len/2; i++)
        minCost+＝arr[i].GetGZ( );
    for(int i＝len/2; i<len; i++)
        minCost+＝arr[i].GetBJ( );
```

```
        return minCost;
    }
```

主程序如下，程序中采用随机生成的方法，结果如下。

```
int main( ) {
    int N = 10;
    Fee arr[N];

    int minCost = 0;
    for (int i = 0; i < N; i++) {
        arr[i].SetFee(rand( ) % 300 + 1, rand( ) % 300 + 1);
    }
    minCost = MinFee(arr, N);

    for(int i = 0; i<N; i++)
    {
        std:: cout<<"["<<arr[i].GetGZ( )<<","<<arr[i].GetBJ( )<<"]"<<",";
        if((i+1)%5==0)
            std:: cout << std:: endl;
    }
    std:: cout << minCost << std:: endl;
    return 0;
}
```

[131, 273], [145, 279], [88, 204], [128, 230], [24, 110], [41, 113],
[193, 243], [8, 50], [174, 159], [241, 66], 1147

7.9　小船过河

假设有一个长度为 N 的数组 people，people[i]表示第 i 个人的体重，他们需要过河，每一艘船最多可以装两个人，船的最大限重是 S，即两个人的重量和不能超过 S，请问至少需要多少条船(假设最重的人体重不超过 S)？

分析：每个船最多装两个人，并且重量和不能超过 S，所以希望最轻的人和最重的人在一起，如果重量和超过 S，那么最重的人必须单独安排一条船。所以，对体重先进行排序，然后设置前后两个双指针，遍历数组。

函数如下，其中 people 数组存储的每一个人的体重，len 是数组长度，即总人数，

S 是船的最大限重。这道题目的意义在于有时在使用双指针之前，需要对数据进行适当的预处理。

```
int Boats(int people[ ], int len, int S){
    int total=0;
    std::sort(people, people+len);
    int right=0, left=len-1 ;
    while (right <=left) {
        if (people[right] + people[left] > S) {
            --left;
        } else {
            ++right;
            --left;
        }
        ++total;
    }
    return total;
}
```

主程序如下，程序运行输出 6，修改 LOAD 值，测试数据和结果如表 7-6 所示。

```
const int LENGTH=10;
int main( ) {
    int load=20;
    int people[ ]={2, 19, 4, 17, 5, 17, 6, 7, 8, 9};
    int ans=Boats(people, LENGTH, load);
    std::cout << ans << std::endl;
    return 0;
}
```

表 7-6

load	30	19	24	20
ans	5	6	5	6

7.10　买卖股票 2

假设股票 A，已知其 N 天中的每一天的价格，存储在整数数组 prices 中，prices[i]

表示某支股票第 i 天的价格。在每一天，你可以决定是否购买和/或出售股票。你在任何时候最多只能持有一股股票。你也可以先购买，然后在同一天出售。如果你有多次买卖的机会，请写一个程序计算你能获得的最大利润。

分析：要获取利润最大，那么买入的股票价格最低，卖出的股票价格最高，遍历整个股票价格，找到一个最低价格，接着找到此后的最高价格，以此类推，就可以获得最大利润，程序如下。

```
int Greedy1(int price[ ], int len){
    int profit=0, i=0;
    while (i< len) {
        //如果股票下跌就一直找，直到找到股票最低价
        while( (i< len   )&& (price[i] >=price[i+ 1]))
            i++;
        //保存最低价
        int nMin=price[i];
        //股票上涨，找到最高价格
        while ((i< len) && (price[i] <=price[i+ 1]))
            i++;
        //计算这段上涨时间的差值，然后累加
        profit +=price[i++] − nMin;
    }
    return profit;
}
```

进一步分析，获取利润最大，只要后一天的价格高于前一天的价格，就可以买卖股票，这道题目的贪心策略就是 price[i]−price[i−1]>0，函数如下，显然采用贪心算法，程序更加简洁。

```
int Greedy(int price[ ], int len) {
    int profit=0;
    for (int i=1; i < len; i++)
        if ((price[i] − price[i − 1]) > 0)
            profit +=price[i] − price[i − 1];
    return profit;
}
```

第 8 章　递归与动态规划程序设计

绝大多数程序设计语言都支持递归程序调用。递归程序设计方法(简称递归)是指函数直接或者间接调用自己的现象。递归是一种有趣、有时十分高效的程序设计方法,有时几行代码就能达到神奇的效果。

递归程序设计方法是将原问题分解成多个问题,其中一个或者多个问题和原问题的解法一样,其他问题均有确定的解。其他问题均有确定的解是保证递归程序一定可以结束,因为当问题无限分解下去,一定要有条件确保程序可以终止。递归程序最重要的方法是要把递归函数写出来,有时递归函数需要进行适当的变形才能得到。

8.1　斐波那契数列

斐波那契数列也叫做兔子数列,其中 $F(1)=1$, $F(2)=1$, $F(n)=F(n-1)+F(n-2)$,给定一个 n,计算 $F(n)$ 的值。

分析:斐波那契数列是一个经典的问题,通项公式就是递归函数。如下所示。

```
int Fibonacci(int n){
    if((n==1)||(n==2))
        return 1;
    else
        return Fibonacci(n-1)+Fibonacci(n-2);
}
```

主程序如下。

```
int main(){
    int n=6;
    std::cout << Fibonacci(n) << std::endl;
    return 0;
}
```

测试数据和结果如表 8-1 所示。

表 8-1

n	结果
3	2
5	5
10	55
30	832040

8.2　最小硬币数 2

小明买一台冰箱，付钱后，营业员需要找给小明 17 元零钱，人民币零钱的面值是 10 元，5 元，2 元，1 元，请问营业员最少给小明多少张人民币？

分析：假设用 change 函数表示 n 元人民币需要的最少人民币张数。营业员在找零时，有四种选择，假设她先给小明一张 10 元，剩下的零钱是 7 元。对于 7 元，还是一个找零的问题，这样原问题就变成一张确定的 10 元和 7 元找零，对应的这样人民币的张数是 1+change(7)。

同样如果先拿 5 元，那么对应的人民币张数是 1+change(12)；如果先拿 2 元，那么对应的人民币张数是 1+change(15)，如果先拿 1 元那么对应的人民币张数是 1+change(16)，要使人民币的张数最少，那么只要从这四个结果中选择一个最小的。

递归函数如下：

$$f(n) = \begin{cases} 1, & n = 1 \text{ or } n = 2 \text{ or } n = 5 \text{ or } n = 10 \\ \text{INT\_MAX}, & n < 0 \\ 1 + \min \begin{cases} f(n-10) \\ f(n-5) \\ f(n-2) \\ f(n-1) \end{cases} \end{cases}$$

显然当零钱数等于 10，5，2 或者 1 元时，最少的人民币张数是 1，如果零钱数小于零，那么返回的值是正无穷大(INT_MAX)，这样就可以得到如下的递归程序。

```
using namespace std;
int Change(int num) {
    int count1, count2, count3, count4;

    if ((num==1) || (num==10) || (num==2) || (num==5))
        return 1;
    else if (num < 0)
        return INT_MAX;
```

```
    else {
        count1 = Change(num - 10);
        count2 = Change(num - 5);
        count3 = Change(num - 2);
        count4 = Change(num - 1);
        return min(min(count1, (min(count2, count3))), count4) + 1;
    }
}
```

主程序如下，测试数据以及结果如表 8-2 所示。

```
int main() {
    int num = 17;
    std:: cout << Change(17) << std:: endl;
    return 0;
}
```

表 8-2

测试数据(num)	结果
10	1
11	2
13	3
26	4

　　递归函数也可以提前判断零钱数是否小于零，如果小于零，就不需要再次调用，这样就少一次函数调用，Change 函数修改如下。

```
int Change(int num) {
    int count1, count2, count3, count4;

    if ((num == 1) || (num == 10) || (num == 2) || (num == 5))
        return 1;
    else if (num < 0)
        return INT_MAX;
    else {
        if ((num - 10) > 0)
            count1 = Change(num - 10);
```

```
        else
            count1 = INT_MAX;
        if ((num - 5) > 0)
            count2 = Change(num - 5);
        else
            count2 = INT_MAX;
        if ((num - 2) > 0)
            count3 = Change(num - 2);
        else
            count3 = INT_MAX;
        if ((num - 1) > 0)
            count4 = Change(num - 1);
        else
            count4 = INT_MAX;

        return min(min(count1, (min(count2, count3))), count4) + 1;
    }
}
```

8.3 卖鸭子

一个人赶着鸭子去每个村庄卖，每经过一个村子卖去所赶鸭子的一半又一只。这样他经过了七个村子后还剩两只鸭子，问他出发时共赶多少只鸭子？经过每个村子卖出多少只鸭子？

分析：前一道题目已知总数，求结果，递归的过程很直接。这道题目总数不知道，但是结果已知，终止条件已知，但是递归过程不是很直接。本题的递归过程需要进行适当的转换，根据题目条件，可以设想成一个数列，$f(n)$代表到第 n 个村庄时鸭子的总数，数列通项公式如下：

$$\begin{cases} f(8) = 2 \\ f(n + 1) = f(n)/2 - 1 \end{cases}$$

根据通项公式，可以做适当的转换如下。

$$\begin{cases} f(8) = 2 \\ f(n) = 2 * f(n + 1) + 1 \end{cases}$$

这样递归关系就非常明显了，根据通项公式，函数的参数是村庄的序数，返回值是鸭子数，函数以及主程序如下。

```
int SellDuck(int village){
    if(village == 8)
```

```
            return 2;
    else
            return 2 * (SellDuck(village+1)+1);
}
int main() {
    int count=SellDuck(1);
    std::cout<<count<<std::endl;
}
```

结果输出 510，卖鸭子的过程如表 8-3 所示。

表 8-3

村庄序号	剩余鸭子数	鸭子总数
1	254	510
2	126	254
3	62	126
4	30	62
5	14	30
6	6	14
7	2	6
8	—	2

8.4 吃蛋糕 1

在一个如图 8-1 所示的 $N*M$ 的格子中，最左上角有一只老鼠，最右下角有一块它最喜欢吃的蛋糕，老鼠要想吃到这块蛋糕，只能向前或者向下走，每次移动一个格子，请问老鼠有多少种可能的走法才能吃到这块蛋糕。

分析：假设最左上角的格子坐标是 $(0, 0)$，当老鼠向右移动一格时，老鼠到达的位置是 $(0, 1)$，相当于老鼠从 $(0, 1)$ 位置到 $(N-1, M-1)$ 位置有多少种走法。同样当老鼠先下移一格到达 $(1, 0)$ 时，相当于老鼠从 $(1, 0)$ 位置到 $(N-1, M-1)$ 位置有多少种走法。两种走法的总和就是仓鼠从 $(0, 0)$ 到 $(N-1, M-1)$ 走法的总数，递归函数如下：

$$\text{step}(i, j) = \begin{cases} 1, & i = N - 1 \text{ and } j = M - 1 \\ \text{step}(i, j + 1), & i = N - 1 \\ \text{step}(i + 1, j), & j = M - 1 \\ \text{step}(i + 1, j) + \text{step}(i, j + 1) \end{cases}$$

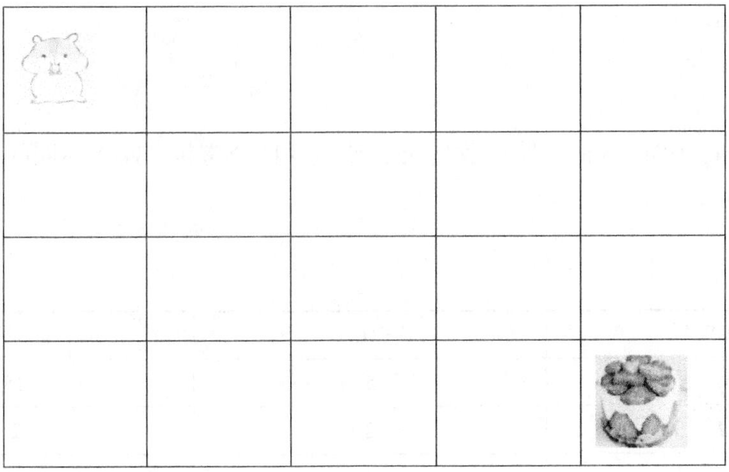

图 8-1

当老鼠沿着最上边走的时候，有下面的等式：

$$step(0, 0) = step(0, 1) = step(0, 2) = step(0, 3) = step(0, 4)$$

含义是这个方向上只有一条路径，即一种走法。只有在内部节点时，才有分叉，才有可能是多种走法的和。递归函数的参数，其实就是程序中递归函数需要定义的参数。如下所示。

```
const int ROW = 4;
const int COL = 5;
int EatCake(int row, int col) {
    if ((row == (ROW - 1)) && (col == (COL - 1)))
        return 1;
    else if (row == (ROW - 1))
        return   EatCake(row, col + 1);
    else if (col == (COL - 1))
        return EatCake(row + 1, col);
    else
        return   EatCake(row + 1, col) + EatCake(row, col + 1);
}
```

主程序如下。

```
int main() {
```

```
std：：cout << EatCake(0，0) << std：：endl；
return 0；
}
```

当 ROW=4，COL=5 时，路径数是 35，修改这两个常量，赋予不同的值，输出结果如表 8-4。

表 8-4

ROW	COL	路径数
4	5	35
2	2	2
3	3	6
10	20	6906900

8.5　吃蛋糕 2

在一个如图 8-2 所示的 4×5 的格子中，最左上角有一只老鼠，最右下角有一块它最喜欢吃的蛋糕，老鼠要想吃到这块蛋糕，只能向前或者向下走，每次移动一个格子。但是蛋糕的主人在格子的(1，2)位置设置了夹子，请问老鼠有多少种可能的走法才能吃到这块蛋糕？

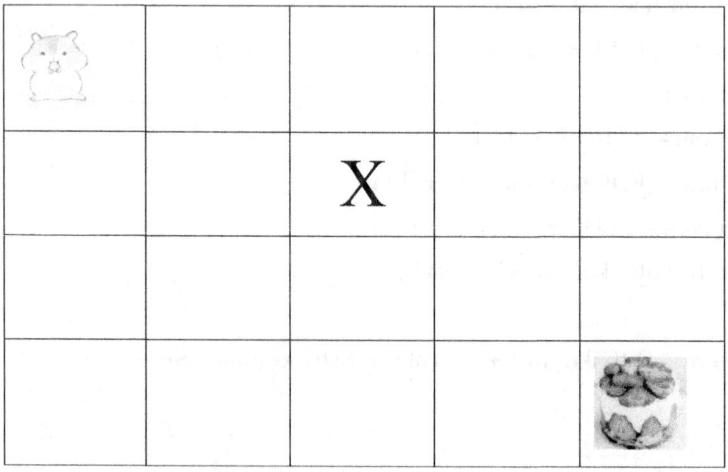

图 8-2

分析：这道题目和前一道题目类似，但是增加了路障，思路还是一样的，在每一次走的时候要判断该格子是否能走，如果不能走，那么代表从这个点出发到达蛋糕的路径数量是 0，递归函数如下：

$$
\text{step}(i, j) = \begin{cases} 0, & i = 1 \text{ and } j = 2 \\ 1, & i = N - 1 \text{ and } j = M - 1 \\ \text{step}(i, j + 1), & i = N - 1 \\ \text{step}(i + 1, j), & j = M - 1 \\ \text{step}(i + 1, j) + \text{step}(i, j + 1) \end{cases}
$$

程序中定义一个矩阵 matrix[N][M]，二维矩阵中元素的取值等于 0 或者 1，如果等于 1，说明此处有夹子，等于 0 代表可以走，函数和主程序如下。

```cpp
int main( ) {
    int matrix[ROW][COL];
    for (int i=0; i < ROW; i++)
        for (int j=0; j < COL; j++)
            matrix[i][j]=0;

    matrix[1][2]=1;
    std:: cout << EatCake(0, 0, matrix) << std:: endl;
    return 0;
}


int EatCake(int row, int col, int matrix[][COL]) {
    if (matrix[row][col])
        return 0;
    if ((row==(ROW - 1)) && (col==(COL - 1)))
        return 1;
    else if (row==(ROW - 1))
        return EatCake(row, col + 1, matrix);
    else if (col==(COL - 1))
        return EatCake(row + 1, col, matrix);
    else
        return EatCake(row + 1, col, matrix) + EatCake(row, col + 1, matrix);
}
```

程序测试数据和结果如表 8-5 所示。

表 8-5

ROW	COL	障碍	路径数
4	5	(1, 2)	17
3	3	(1, 1)	2
4	5	(1, 2), (2, 3)	9
4	5	(1, 1), (2, 2), (1, 3)	3

8.6　最小硬币数 3

小明买一台冰箱，付钱后，营业员需要找给小明 17 元零钱，人民币零钱的面值是 10 元，5 元，2 元，1 元，请问营业员最少给小明多少张人民币？

分析：前面利用递归程序来解这个问题，这里我们利用动态规划来解决这个问题。

动态规划和递归类似，也是将问题分解为若干个子问题，但是每个子问题的解法和原问题不一定类似，当然也可以类似。动态规划是从多个子问题中找到最优解。

动态规划和递归程序有相同的地方。动态规划算法通常用于求解具有某种最优性质的问题。在这类问题中，可能会有许多可行解。每一个解都对应于一个值，希望找到具有最优值的解。

从解法的技巧中来讲，动态规划需要定一个数组，这个数组是一维数组或者二维数组。这些数组保存了历史记录，避免重复计算。

第一步，定义动态规划数组，这个数组一般用 dp 表示，数组的长度非常重要，有时等于"问题中的某个具体值"，例如找零钱中总的零钱数；第一步中最重要的是确定这个数组元素的含义，例如在本问题中 dp[i] 对应于零钱数是 i 时最少的硬币数。

第二步，找出各个元素之间的关系，在动态规划中称为状态转移方程，从一个状态转移到另外一个状态。在本问题中 dp[i] 和其他元素的关系是

$$dp[i] = 1 + \min(dp[i-10], dp[i-5], dp[i-2], dp[i-1])。$$

第三步，确定初始值，显然对于本问题 dp[10]=1，dp[5]=1，dp[2]=1，dp[1]=1。

递归程序是从上而下，即从问题本身，层层分解，分解到最后不能分解，然后从下而上计算问题的答案，而动态规划是从下而上直接构造问题的答案。

采用动态规划方法对应的函数如下。

```
/*
coin[] 数组存放硬币单位(例如 1 元，2 元，5 元，10 元)
length 硬币的个数(4 个)
amount 需要兑换的零钱
*/
```

```
void Initialize(int dp[], int amount, int base[], int len){
    for (int i=0; i<=amount; i++)
        dp[i]=INT_MAX;
    dp[0]=0;
    //最小货币单位，对应的最少硬币数等于1
    for (int i=0; i<len; i++)
        if (base[i]<=amount)
            dp[base[i]]=1;
}


int Exchange(int base[], int len, int amount) {
    int *dp=new int[amount + 1];
    int idx;
    int *count=new int[len];
    //初始化
    Initialize(dp, amount, base, len);

    for (int i=1; i<=amount; i++) {
        //对于 i，最后一个是硬币单位是 j 时，最少硬币数
        for (int j=0; j<len; j++) {
            if (i>=base[j])
                count[j]=1 + dp[i - base[j]];
            else
                count[j]=INT_MAX;
        }
        //最少硬币数
        idx=0;
        for (int j=1; j<len; j++) {
            if (count[j] < count[idx])
                idx=j;
        }
        dp[i]=count[idx];
    }
    return dp[amount];
}
```

主程序如下，程序运行输出 3，到这儿可以体会三种算法求解最少硬币数问题的解法。

```
const int LENGTH = 4;
int main( ) {
    int base[4] = {10, 5, 2, 1};
    int amount = 17;
    int count = Exchange(base, LENGTH, amount);
    std:: cout << count << std:: endl;
    return 0;
}
```

8.7   连续子数组和最大 2

给定一个数组 nums，计算该数组中连续子数组的和的最大值。

分析：本题和 2.17 是同一道题目，前面已经讲了用双重循环求解，如果采用动态规划来解决，那么根据前面讲的三步。第一步是定义一个数组 dp，这里数组的长度是和 nums 数组的长度一样，关键是 dp[i] 中元素的含义，这里的含义是 dp[i] 是从 nums[0] 累加到 nums[i] 和的最大值。

第二步是确定各个元素之间的关系，dp[i-1] 是 nums[0] 累加到 nums[i-1] 和的最大值，那么 dp[i] = max(dp[i-1]+nums[i], nums[i])，这个公式很好理解，如果加入 nuns[i] 元素，和还没有 nums[i] 大，那么 nums[i] 可以"自立门户"。

第三步是确定元素的初始值，显然 dp[0] = nums[0]，函数如下。

```
int DP_MaxSubarray(int nums[] , int len) {
    int * dp = new int[len];
    int max = nums[0];
    dp[0] = nums[0];
    for( int i = 1; i<len; i++)
    {
        dp[i] = std:: max(dp[i-1]+nums[i], nums[i]);
        if(dp[i]>max)
            max = dp[i];
    }
    delete [ ]dp;
    return max;
}
```

主程序如下，程序运行结果输出 23，其他的测试数据和结果可以参见题目 2.17。

```
const int LENGTH = 10;
int main( ) {
    int nums[LENGTH] = {-1, 2, -3, 4, 7, -3, 12, -14, 9, 8};
    int sum = MaxSubarray(nums, LENGTH);
    std::cout << sum << std::endl;
    return 0;
}
```

8.8 买卖股票3

假设股票 A，已知其 N 天中的每一天的价格，存储在整数数组 prices 中，prices[i] 表示某支股票第 i 天的价格。在每一天，你可以决定是否购买和/或出售股票。你在任何时候最多只能持有一股股票。你也可以先购买，然后在同一天出售。如果你只有一次买卖的机会，请写一个程序计算你能获得的最大利润。

分析：在 4.15 中已经用双重循环，或者双指针技巧解决这个问题。这里采用动态规划的方法来解决。第一步定义数组 profit，数组的长度等于 prices 数组的长度，代表每一天可以获得的最大利润。

第二步是定义元素之间的关系，也就是状态转移方程。第 i 天的利润有两种情况，第一是等于 profit[i-1]，或者是 price[i] 减去 min(prices[0], …, prices[i-1])。所以元素之间的关系是：

profit[i] = max(profit[i-1], prices[i] - min(prices[0], …, prices[i-1]))。

通过上述表达式可以得知，在遍历股价的过程中需要存储当前股票的最低价，函数如下。

```
int MaxProfit(int prices[], int len) {
    int lowest = prices[0];
    int maxProfit = 0;
    int *dp = new int[len];
    for (int i = 0; i < len; i++)
        dp[i] = 0;
    for (int i = 1; i < len; i++) {
        dp[i] = std::max(dp[i - 1], prices[i] - lowest);
        lowest = std::min(lowest, prices[i]);
        if (dp[i] > maxProfit)
            maxProfit = dp[i];
    }
    return maxProfit;
}
```

主程序如下，输出 65，其他的测试数据和结果同样可以采用 4.15 的测试数据。

```
const int LENGTH = 10;
int main( ) {
    int profit ;
    int prices[ LENGTH ] = {9, 13, 19, 7, 36, 45, 54, 63, 72, 41};
    profit = MaxProfit( prices, LENGTH);
    std::cout << profit;
}
```

8.9　递增子数组 2

俄罗斯套娃是一个大家都喜欢的玩具，最外层是最大的娃娃，里面是最小的。现有若干个信封，每个信封的长度和宽度都已经知道，请问最多有多少个信封可以像俄罗斯套娃一样套在一起，长和宽不能颠倒？

分析：根据俄罗斯套娃的特点，最外面的信封必定是最长的。所以可以将所有的信封按照长度从低到高进行排序，然后根据宽度挑选一个最长的增加序列，那么就可以得到最多可以有多少个信封套在一起。这样题目就转化为给定一个数组，找出数组中的最长递增子序列的长度。同样这里采用动态规划来解决。信封长和宽采用二维数组 env[N][2] 来表示，N 是信封的个数，env[i][0] 是信封的长度，env[i][1] 是信封的宽度。

第一步，定义一个数组 dp，显然数组长度是信封的个数，dp[i] 的含义是从 0 到 i 递增子数组的最大长度。

第二步，定义各个元素之间的关系，即 dp[i] 如何取值。

$$dp[i] = max(dp[j]) + 1, 其中 0 \leqslant j < i 且 env[j][1] < env[i][1];$$

具体来说，判断 env[i][1] 是否大于 env[0..i−1][1]，然后加 1，在这些值中找一个最大值；否则 dp[i] 置为 1。最后返回 dp 数组中最大的数，即为最长递增子序列长度。

第三步，是元素的初始值，显然 dp[0] = 1，函数如下。

```
int DP_AscendSubarray( int env[ ][2], int len) {
    int * dp = new int[ len ];
    int maxLen = 1;
    int maxSubLen;
    dp[0] = 1;
    for( int i = 1; i < len; i++) {
        maxSubLen = 0;  //统计前面 末尾数字比自己小 最长递增子串
        for( int j = 0; j < i; j++) {  //枚举
            //结尾数字小于当前数字 并且长度大于记录的最长
```

```
            if((env[j][1]<env[i][1])&&dp[j]>maxSubLen){
                maxSubLen=dp[j];
            }
        }
        dp[i]=maxSubLen+1; //前面最长 加上自己
        if(maxLen<dp[i])
            maxLen=dp[i];
    }
    return maxLen;
}
```

主程序如下，程序运行输出 6，修改 env 数组的值，测试数据和结果如表 8-6 所示。

```
const int LENGTH=10;
int main() {
    int tmp;
    int pos;
    int len;
    int env[LENGTH][2]={{1, 4}, {4, 2}, {3, 8}, {7, 6}, {20, 30},
                        {14, 15}, {16, 17}, {4, 8}, {12, 14}, {16, 16}};
    for(int i=0; i<LENGTH-1; i++){
        pos=i;
        for(int j=i+1; j<LENGTH; j++){
            if(env[j][0]<env[pos][0])
                pos=j;
        }
        if(pos!  =i){
            tmp=env[i][0];
            env[i][0]=env[pos][0];
            env[pos][0]=tmp;

            tmp=env[i][1];
            env[i][1]=env[pos][1];
            env[pos][1]=tmp;
        }
    }
    len=DP_AscendSubarray(env, LENGTH);
    std:: cout << len<< std:: endl;
```

```
        return 0；
    }
```

表 8-6

env 数组	len
{{1, 10}, {2, 9}, {3, 8}, {4, 7}, {5, 6}, {6, 5}, {7, 4}, {8, 3}, {9, 2}, {10, 1}}	1
{{1, 10}, {2, 19}, {3, 8}, {4, 7}, {5, 6}, {6, 5}, {7, 4}, {8, 3}, {9, 2}, {10, 1}}	2
{{1, 10}, {2, 9}, {3, 8}, {4, 7}, {5, 6}, {6, 5}, {7, 4}, {8, 3}, {9, 2}, {10, 3}}	2
{{1, 1}, {2, 2}, {3, 3}, {4, 4}, {5, 6}, {6, 15}, {7, 24}, {8, 33}, {9, 42}, {10, 51}}	10
{{1, 4}, {4, 2}, {3, 8}, {7, 6}, {20, 30}, {24, 15}, {16, 17}, {4, 8}, {12, 14}, {16, 16}}	5

8.10 吃蛋糕 3

在一个如图 8-3 所示的 4×5 的格子中，最左上角有一只老鼠，最右下角有一块它最喜欢吃的蛋糕，老鼠要想吃到这块蛋糕，只能向前或者向下走，每次移动一个格子。但是蛋糕的主人在格子的(1，2)位置设置了夹子，请问老鼠有多少种可能的走法才能吃到这块蛋糕？

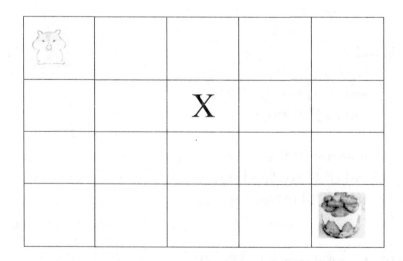

分析：前面采用递归的方式进行问题求解，这里采用动态规划的方式进行求解。第一步定一个数组，这里老鼠可以向右走，也可以向下走，所以可以定义一个二维数组 dp，二维数组 dp[i][j]的含义是从(0，0)格走到(i，j)格的路径数。

第二步定义各个元素之间的关系，有下面三个关系。

如果 matrix[i][j]==1，dp[i][j]=0；

如果 i=0 or N-1，那么 dp[i][j]=dp[i][j-1]；

如果 j=0 or M-1 那么 dp[i][j]=dp[i-1][j]；

其他 dp[i][j]=dp[i][j-1]+dp[i-1][j]。

第三步定各个元素的初始值，显然有 dp[0][0]=1，函数如下。

```
const int M=4;
const int N=5;
int Path(int dp[M][N], int matrix[M][N]){
    int count;
    for(int i=0; i<M; i++)
        for( int j=0; j<N; j++){
            if((i==0)&&(j==0))
                dp[i][j]=1;
            else if(matrix[i][j])
                dp[i][j]=0;
            else if(i==0)
                dp[i][j]=dp[i][j-1];
            else if(j==0)
                dp[i][j]=dp[i-1][j];
            else
                dp[i][j]=dp[i-1][j]+dp[i][j-1];
        }
    count=dp[M-1][N-1];
    return count;
}
```

主程序如下，程序运行输出 17，修改 matrix 的值，测试数据和结果参考 8.5。

```
int main() {
    int matrix[M][N];
    int dp[M][N];
    for(int i=0; i<M; i++)
        for(int j=0; j<N; j++)
            matrix[i][j]=0;
```

```
        matrix[1][2] = 1;
    int count = Path(dp, matrix);
    std:: cout << count<< std:: endl;
    return 0;
}
```

参 考 文 献

[1] 史蒂芬、普拉达. C++ Primer Plus(第6版)(中文版)[M]. 张海龙、袁国忠译. 北京：人民邮电出版社，2020.

[2] 路志鹏. 算法通关之路[M]. 北京：电子工业出版社，2021.

[3] 李春葆、李筱驰、蒋林、陈良臣. 算法设计与分析(第2版)[M]. 北京：清华大学出版社，2018.